U0350326

# 施工现场安全生产标准化图集

## SAFETY PRODUCTION STANDARDIZATION ATLAS OF CONSTRUCTION SITE

张正洪 邢建海 朱 剑　　　著

上海立木建筑规划设计有限公司

同济大学 出版社

TONGJI UNIVERSITY PRESS

图书在版编目（CIP）数据

施工现场安全生产标准化图集 / 张正洪等著 . — 上
海 : 同济大学出版社 , 2021.9
　　ISBN 978-7-5608-9880-3

　　Ⅰ . ①施… Ⅱ . ①张… Ⅲ . ①施工现场－安全生产－
标准化－图集 Ⅳ . ① TU714-64

　　中国版本图书馆 CIP 数据核字 (2021) 第 173879 号

**施工现场安全生产标准化图集**
SAFETY PRODUCTION STANDARDIZATION ATLAS OF CONSTRUCTION SITE

张正洪　邢建海　朱 剑　上海立木建筑规划设计有限公司　著

责任编辑：吕炜 | 助理编辑：吴世强 | 装帧排版：完颖 | 责任校对：徐春莲

出版发行　同济大学出版社　www.tongjipress.com.cn
　　　　　（地址：上海市四平路1239号　邮编：200092　电话：021-65985622）
经　　销　全国各地新华书店、网络书店
印　　刷　上海安枫印务有限公司
开　　本　889mm×1194mm　1/16
印　　张　15.75
字　　数　504 000
版　　次　2021年9月第1版　2021年9月第1次印刷
书　　号　ISBN 978-7-5608-9880-3
定　　价　358.00元

# 编制团队

## 编委会主任

张正洪

## 编委会副主任

邢建海　朱　剑

## 编委会成员

沈　阳　惠海波　夏旭昇　丁　明　尚　冬　胡　伟　郑力力　蒋金星　袁桂根　马　亮　路嘉锡

## 主　编

张正洪

## 副主编

邢建海　朱　剑　陈华伟

## 编　撰

许志伟　司　民　王　果　王宇明　李国帅　李成虎

## 绘　编

上海立木建筑规划设计有限公司

申　鹏　谢舜冰　李　翔　孙晋如　万玥彤　邹承幸　王宪泽　程　苗　李春瑶

# 序

FOREWORD

近年来，党中央、国务院对安全生产工作高度重视，关于企业安全生产标准化建设的法律法规体系也越来越完善。《中华人民共和国安全生产法》第四条规定："生产经营单位必须遵守本法和其他有关安全生产的法律、法规，加强安全生产管理，建立、健全安全生产责任制和安全生产规章制度，改善安全生产条件，推进安全生产标准化建设，提高安全生产水平，确保安全生产。"

在建筑工程安全文明施工管理建设过程中，安全生产标准化建设具有极其重要的价值和意义。《中华人民共和国国民经济和社会发展第十四个五年规划和2035年远景目标纲要》中关于安全生产的章节，也强调要"推进企业安全生产标准化建设"。安全生产标准化建设能够合理优化安全生产基础工作，保障相关人员合法权益，强化安全生产主体责任，科学规避现场施工安全事故，从而使项目工程获得更高的经济效益和社会效益。

建筑工程规模大、工期长，施工机械、工艺技术复杂，多种作业交叉，以上种种因素导致建筑施工的标准化建设工作较为困难。《施工现场安全生产标准化图集》的完成是编制团队安全生产意识强、安全生产落实到位的表现，这是一个了不起的成绩。本书图片制作精美、内容翔实，体现了"专业化、标准化、规范化"，三维模型、局部放大、分解示意等方式实现了对施工现场细节的全面呈现，便于施工一线人员阅读、理解与执行。

安全管理水平直接关系施工企业的社会信誉和经济效益，同时也关系国家、集体和职工的生命财产安全。高标准、高起点的安全文明施工管理是实现工程建设有序管理的重要保证。《施工现场安全生产标准化图集》的编制虽然只是安全生产标准化建设的一小步，但如果编制团队能够结合现场反馈持续改进与优化，可能会对建筑施工行业安全管理水平的整体提升产生深远的影响。

2021 年 7 月

# 前言
## PREFACE

众所周知，建筑业是一个危险性高、易发生事故的行业。大规模建设工程随处可见，建筑施工工程具有规模较大、施工工序多、投入的人员和机械设备多、劳动强度高、作业环境差等特点，这都带来许多不安全因素。而这些不安全因素就是事故发生的源头，严重威胁着施工作业人员的生命财产安全和企业的健康发展。

建筑施工企业发展战略的顺利实现依赖于企业稳定的安全生产局面。高标准、高起点的安全文明施工管理是企业取得成功的关键。建筑工程规模大，施工技术和设备多样，施工区域集中，现有的安全文明施工管理措施还不能达到高标准的要求，这迫切要求企业管理者从全局出发，全面策划和组织高效的安全文明施工管理计划和管理措施。

建筑施工的特点决定其安全管理的过程非常复杂、管理难度大，因此，企业在安全生产标准化建设和实施过程中或多或少会存在一些问题，尤其在安全生产设施方面存在一些共性问题：一是安全生产设施标准不统一，各企业有各自的标准，极大地制约了安全生产标准化工作的推行与落实；二是安全生产设施费用投入无标准可依，建设资金往往无法得到保障；三是建设力度不够，未能将安全生产设施建设渗透入项目建设的各个环节；四是各层级管理者中都有一部分人对安全生产标准化相关内容理解不透彻，不能准确、全面、透彻地掌握安全生产标准化的内容、要求和工作程序。以上问题正是因为缺少一个关于安全生产设施布置、制造、使用的标准，各企业、各项目部的安全生产设施化建设只能按照自己以往的经验，或借鉴其他企业和项目的经验。

为了更好地解决上述问题，加强安全生产标准化建设，保证安全生产设施质量，保障安全生产费用能得到有效使用，让各级管理层全面、透彻地了解并掌握安全生产标准化的内容和要求，让读者对安全生产设施的布置、制造、使用有标准、有依据、有计划，我们编制了本书。

本书的编制历时两年有余，2019年年初我们召开了编制动员会，组建了由多名工程技术和安全监管骨干组成的图集编制小组，然后便开始了长达半年时间的调研，邀请有关专家参与了十多场调研会议，研读了包括法律法规、规章制度、国内外施工企业的制度、手册、图集等500多份资料，经过反复讨论，终于确定了图集大纲。又经过六个多月的努力，终于形成了初稿，之后进行了专家评审、项目试点和不断修改完善，终于与大家见面。

本书以"专业化、标准化、规范化"为目标，系统地呈现建筑安全文明施工现场涉及的内容，包含大门、地面、脚手架、防护、消防等 13 个部分，具有以下三大特点：① 图集覆盖范围非常广，包含了施工现场的绝大部分设施，同时也提供了一些细节的标准化做法，如排水沟盖板、垃圾通道；② 所有的设施图示均为三维模型，颠覆传统图集的二维图形模式，一目了然，形象直观；③ 每项设施在图集中都有具体的做法，包括材质、尺寸、色彩、位置等，而且有多部位示意图、分解示意图、细节示意图等，让读者可以通过图集知道每项标准化设施在哪里、怎么做、用什么来做，实用性非常强。

本书大量使用盘扣架来制作防护设施，钢筋防护棚、安全通道等防护设施均采用盘扣式脚手架来制作。与传统钢管相比，盘扣式钢管具有装卸快捷、运输方便、易存放、易周转、承载力大、安全可靠等突出特点。盘扣式钢管可以根据现场的施工要求，组成不同尺寸、形状和具有承载能力的单、双排脚手架、支撑架、支撑柱等防护设施。同时，盘扣式钢管搭设的安全防护设施具有构造简单、拆装简便、快速的特点，完全避免了螺栓作业和零散扣件的丢损，接头拼拆速度比普通钢管快 5 倍以上，拼拆使用人力较少，工人用一把铁锤即可完成全部作业。

本书的编制离不开调研专家的出谋划策、编制组的辛勤努力、三维建模单位的精美制作、评审专家的仔细审阅、试点项目的全力配合以及所有参与人员的无私帮助。同时，本书参考了许多资料文件，在此谨向所有直接或间接参与本书编制的人员表示感谢。

施工现场安全生产的标准化建设是一个长期的、持续的过程，需要有效地落实和持续地改进，希望相关企业参照本书加强施工各环节的标准化建设。同时，欢迎各位读者对本书提出批评与指正，谢谢！

作者

2021 年 7 月

# 目录
CONTENTS

❶ 洗车池及过水槽
❷ 危险品仓库
❸ 临时消防水泵房
❹ 镝灯架
❺ 无门楼式大门
❻ 休息亭
❼ 基坑上下安全通道
❽ 消防水炮
❾ 围墙
❿ 卸料平台
⓫ 悬挑式盘扣脚手架
⓬ 楼层临边防护
⓭ 施工电梯
⓮ 仓库
⓯ 成品标准养护室
⓰ 安全教育讲评台
⓱ 门卫室及门禁室
⓲ 门楼式大门
⓳ 配电箱防护
⓴ 品牌墙
㉑ 塔吊
㉒ 钢筋加工区域
㉓ 木工加工区域
㉔ 垃圾通道
㉕ 预制混凝土（Precast Concrete，PC）堆场
㉖ 落地式盘扣脚手架
㉗ 钢管堆场
㉘ 垃圾池

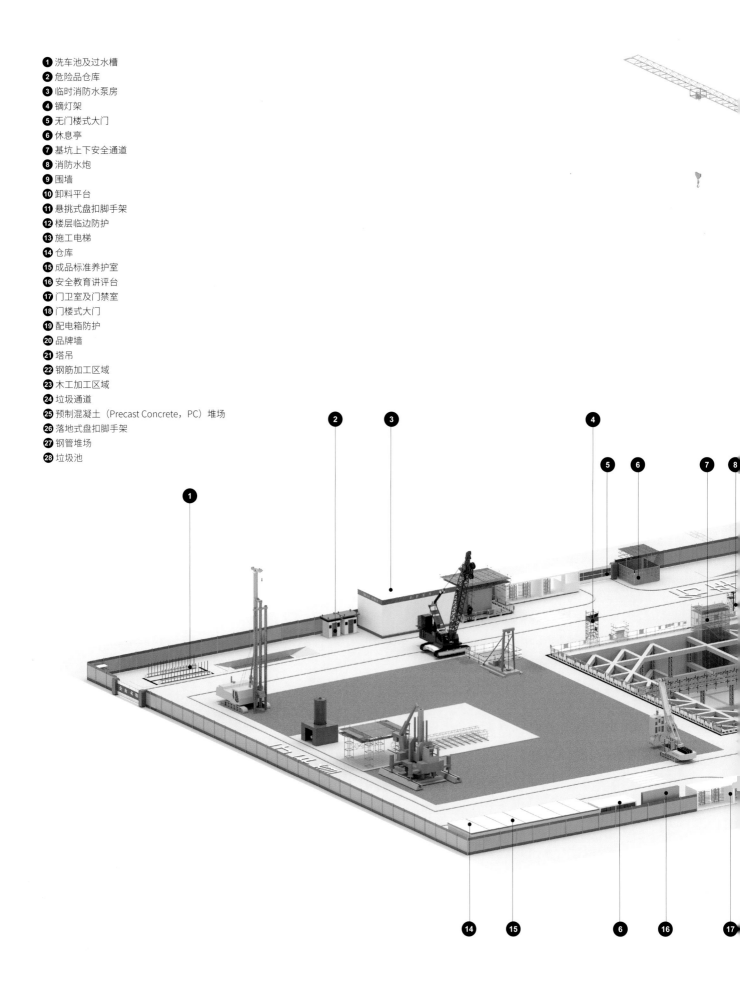

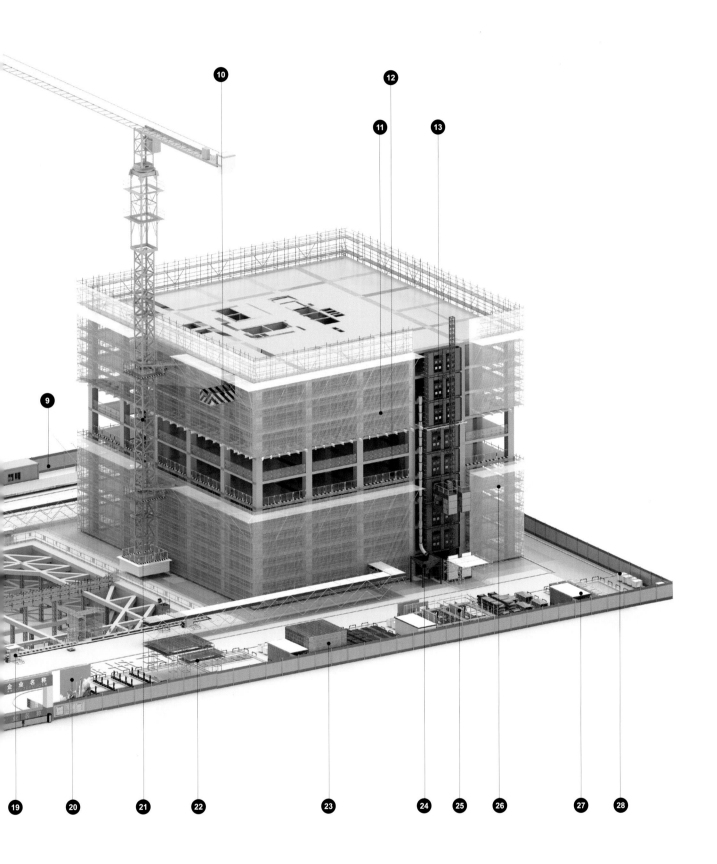

# 1

## 大门
## DOOR

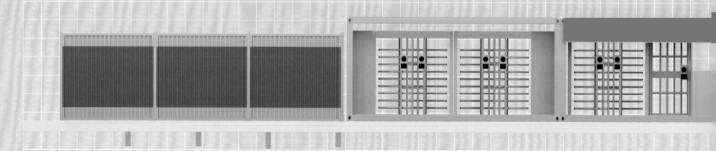

## 1.1 围墙

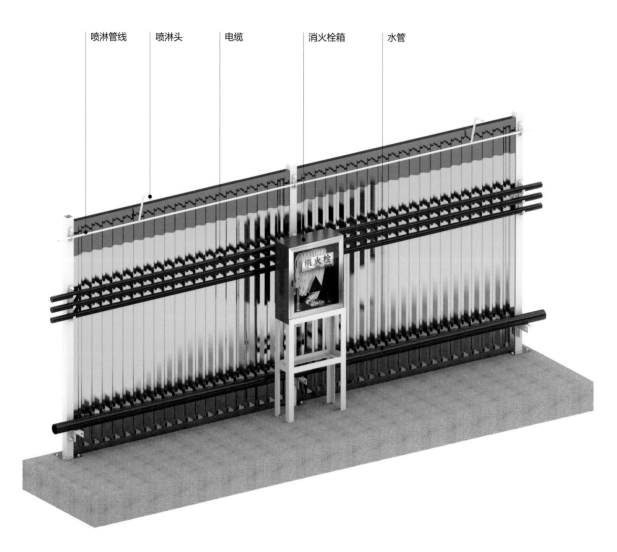

喷淋管线　喷淋头　电缆　　消火栓箱　水管

轴测示意图

### 基本要求

（1）围墙喷淋采用 PPR 材质，喷淋管线通过水管支架固定在围墙上，喷淋头每隔 5m 设置一个。

（2）电缆通过电缆支架挂在围墙上。

（3）水管采用成品水管支架固定。

（4）消火栓箱最大布置间距不超过 120m。

## 分解示意图

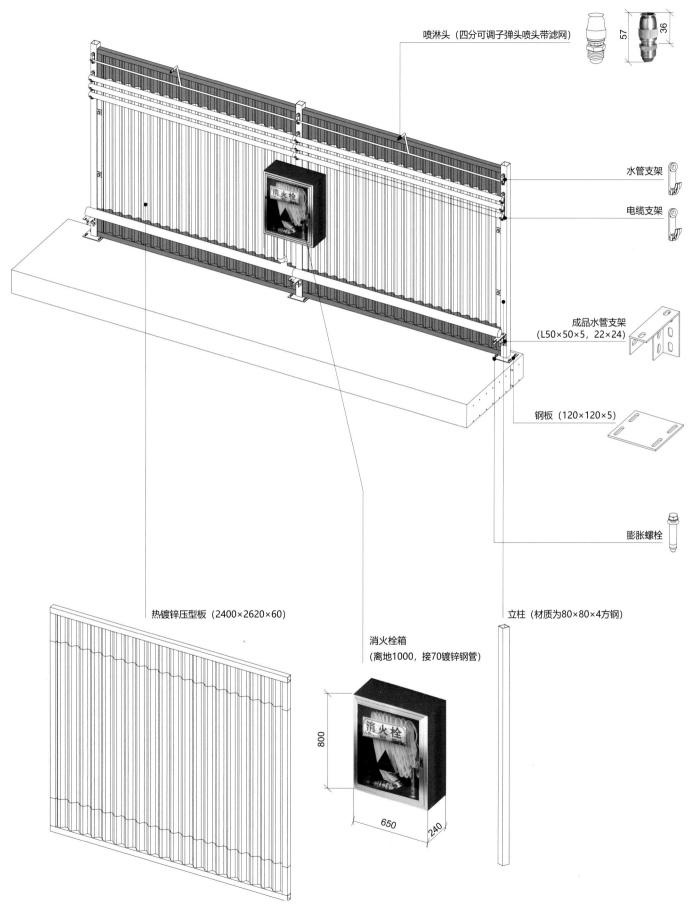

喷淋头（四分可调子弹头喷头带滤网）

57

36

水管支架

电缆支架

成品水管支架
（L50×50×5，22×24）

钢板（120×120×5）

膨胀螺栓

热镀锌压型板（2400×2620×60）

立柱（材质为80×80×4方钢）

消火栓箱
（离地1000，接70镀锌钢管）

消火栓

800

650

240

注：若无特殊说明，本书图中标注尺寸数据单位均为 mm。

## 1.2 门楼式大门（主大门）

轴测示意图

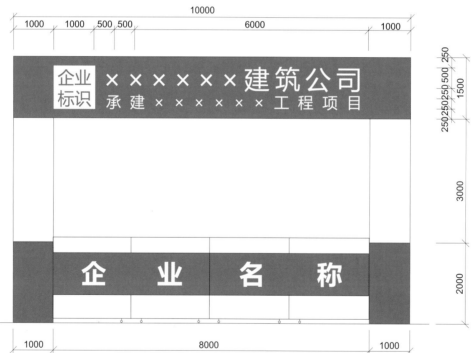

立面示意图

### 基本要求

（1）材质：用 40mm×40mm×3mm 方钢管做标准节，外包镀锌白铁皮；门扇为 1.2mm 厚铁皮。

（2）色彩：应符合企业识别（Corporate Identity，CI）要求，示例中门楣为蓝色，标志反白，字为白色；门柱下 2m 为蓝色，上 3m 为白色；大门颜色为白色。

（3）尺寸：4 扇门总宽度为 8m，高度为 2m，每扇门为 2m×2m（宽 × 高）。

（4）门口布置道闸，每个道闸长度应小于 4.5m。

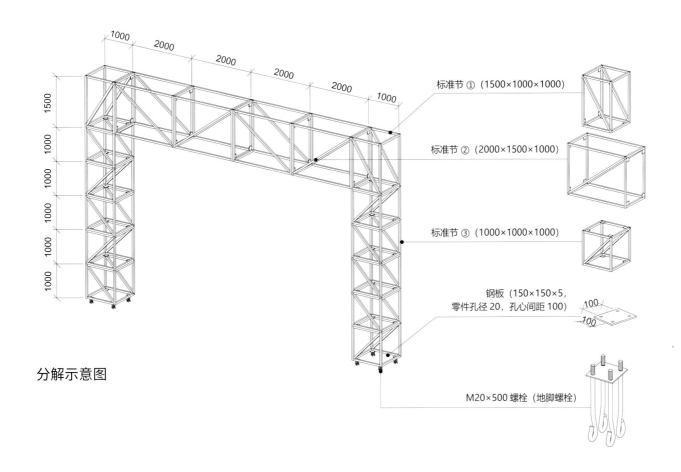

1000 2000 2000 2000 2000 1000

1500 1000 1000 1000 1000 1000

标准节 ① (1500×1000×1000)

标准节 ② (2000×1500×1000)

标准节 ③ (1000×1000×1000)

钢板 (150×150×5,
零件孔径 20，孔心间距 100)

100
100

M20×500 螺栓（地脚螺栓）

分解示意图

门柱基础

闸机系统

<4500

根据现场选择道闸长度

企业名称

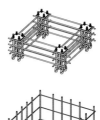

加强筋直径 14@100,
长 900，与地脚螺栓焊接

20 根直径 16 的钢筋,
箍筋直径 8@200

地脚螺栓加强筋
须焊接在基础钢筋上

门楼式大门 C30 混凝土基础,
基础尺寸为 1000×1000×800,
100 厚 C20 混凝土基础垫层

# 1.3 无门楼式大门（辅助门）

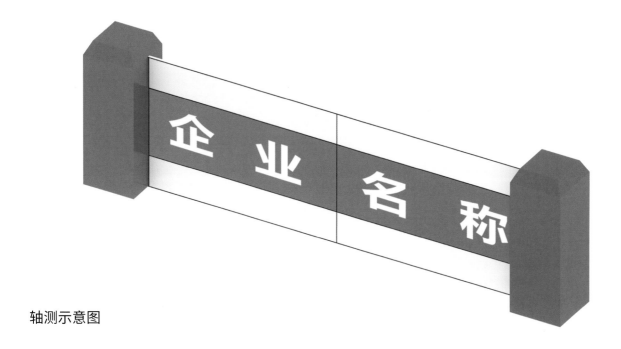

轴测示意图

## 基本要求

（1）材质为焊制金属管或铝板。

（2）总宽度为 6m（对开）或 8m（四开），高度为 2m，每扇门为 3m×1.9m 或 2m×1.9m。颜色可为白色或不锈钢本色。

（3）每扇门正腰处安装一块尺寸为 1m×2m 或 1m×3m 的薄铁板或宝丽板，颜色可为蓝色；门为铁制成，正腰可涂为蓝色，面积同上。

（4）门柱为空心砌块内灌 C30 混凝土，截面尺寸建议为 0.8m×0.8m，高度为 2.2m，其中 0.2m 为柱帽高度，柱帽为棱台形，顶面尺寸为 0.6m×0.6m，柱体通体为蓝色（具体颜色可视 CI 要求而定）。

## 分解示意图

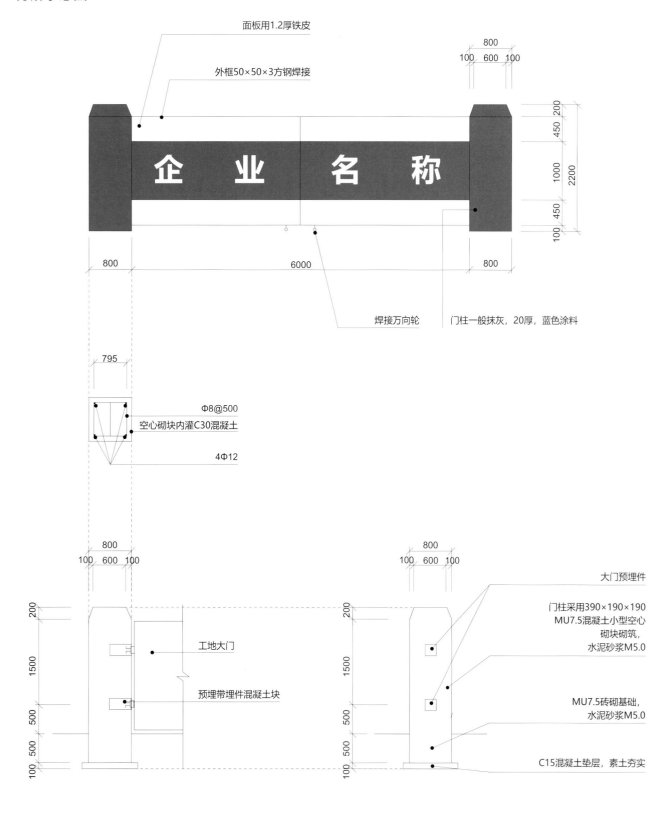

面板用1.2厚铁皮

外框50×50×3方钢焊接

企业名称

焊接万向轮

门柱一般抹灰，20厚，蓝色涂料

Φ8@500

空心砌块内灌C30混凝土

4Φ12

工地大门

预埋带埋件混凝土块

大门预埋件

门柱采用390×190×190
MU7.5混凝土小型空心
砌块砌筑，
水泥砂浆M5.0

MU7.5砖砌基础，
水泥砂浆M5.0

C15混凝土垫层，素土夯实

# 1.4 门卫室及门禁室

## 1. 门卫室

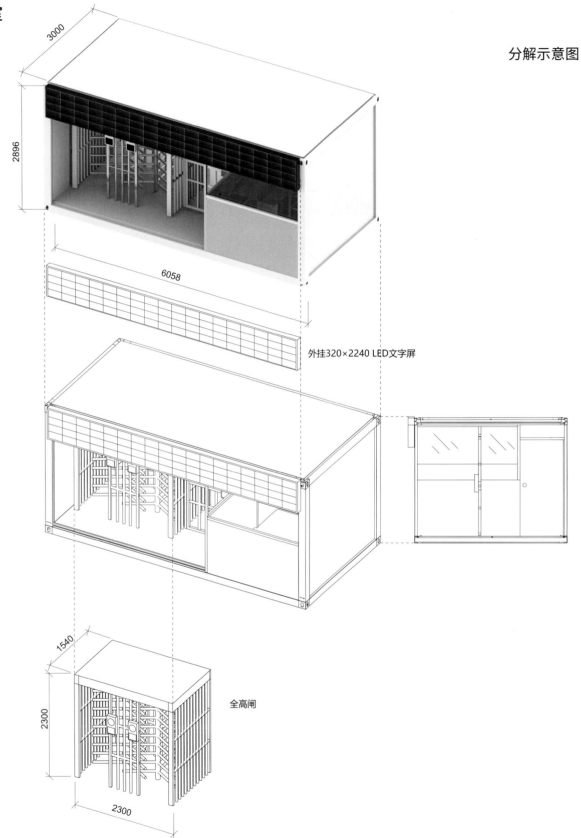

分解示意图

外挂320×2240 LED文字屏

全高闸

## 基本要求

（1）全高闸采用人脸识别系统。

（2）门卫室 1200mm 以下部分采用不锈钢板，1500mm 以上部分为中空玻璃。

（3）手持工具的工人在进出门卫室时须将工具先放置在门卫室办公桌上，待通过人脸识别系统后，方可拿上工具进入施工现场。

## 2. 门禁室

分解示意图

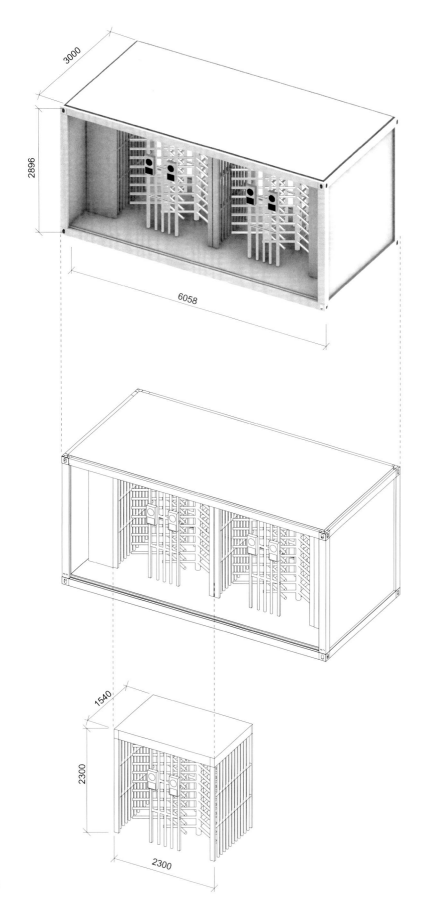

基本要求

门禁室集装箱内配 2 套闸机。

# 2

# 地面
## GROUND

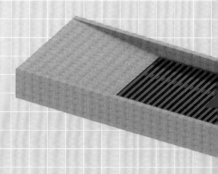

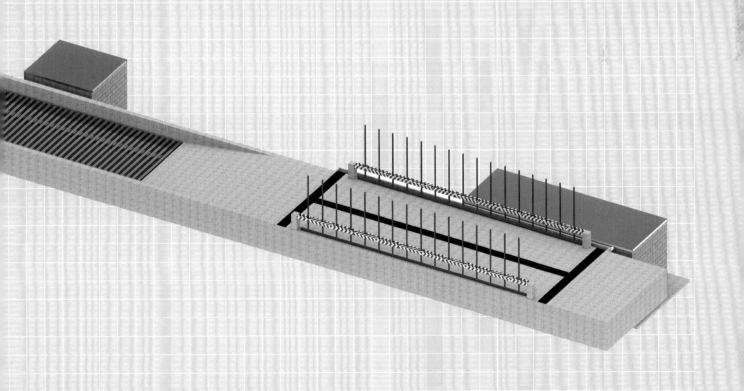

## 2.1 道路

基本要求

（1）行车（土方车、钢筋车、罐车、其他重载车）道路铺设 300mm 厚 C30 混凝土，内设双层双向直径 12@150 钢筋。

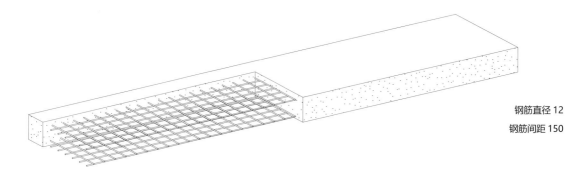

钢筋直径 12
钢筋间距 150

（2）其他路面铺设 150mm 厚 C30 混凝土，内设单层双向直径 12@150 钢筋。

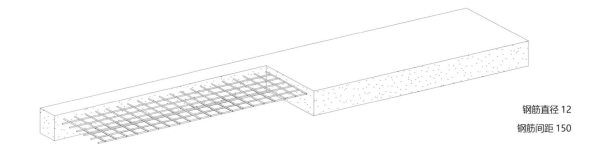

钢筋直径 12
钢筋间距 150

## 2.2 扬尘监控

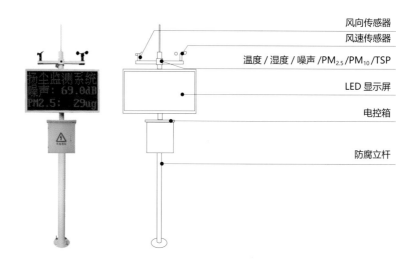

风向传感器
风速传感器
温度 / 湿度 / 噪声 /PM$_{2.5}$/PM$_{10}$/TSP
LED 显示屏
电控箱
防腐立杆

立面示意图

## 2.3 排水沟及盖板

分解示意图

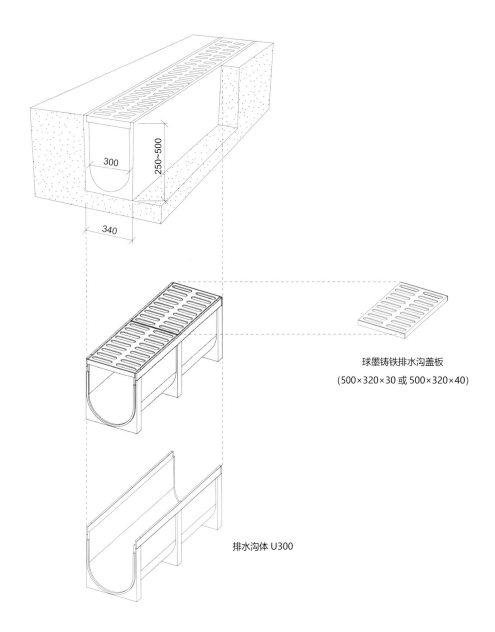

300

250~500

340

球墨铸铁排水沟盖板
（500×320×30 或 500×320×40）

排水沟体 U300

## 基本要求

（1）排水沟为成品树脂排水沟，外尺寸为 1000mm×340mm；盖板为球墨铸铁盖板，尺寸为 500mm×320mm×30mm/40mm。
（2）施工步骤：
 ① 开槽，素土夯实，并做引水坡；
 ② 放置成品树脂排水沟及盖板，并固定；
 ③ 浇筑排水沟侧边缘混凝土；
 ④ 排水沟交接口卡缝处使用防水密封胶均匀涂抹。

# 2.4 地磅

分解示意图一

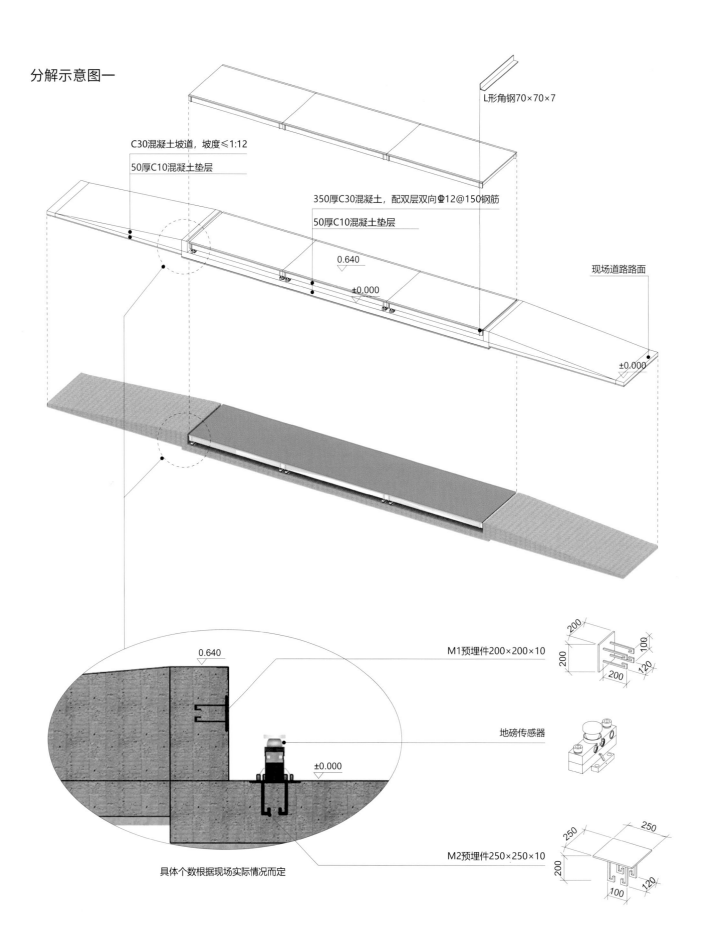

L形角钢70×70×7

C30混凝土坡道，坡度≤1:12

50厚C10混凝土垫层

350厚C30混凝土，配双层双向Φ12@150钢筋

50厚C10混凝土垫层

0.640

±0.000

现场道路路面

±0.000

0.640

M1预埋件200×200×10

200
200
100
120
200

地磅传感器

±0.000

M2预埋件250×250×10

250
250
200
100
120

具体个数根据现场实际情况而定

分解示意图二

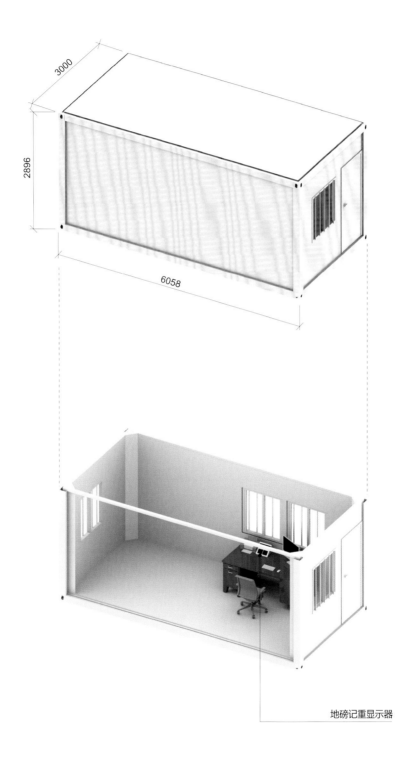

地磅记重显示器

## 基本要求

（1）地基承载力≥ 150kN/m²。

（2）应当根据土地土壤的耐受压力等情况对地基进行加固。

（3）预埋承重板的标高应保持在同一水平面，误差不得大于 3mm，预埋承重板的中心相对误差（前后、左右、对角）不得大于 5mm。

## 2.5 洗车池及过水槽

### 1. 洗车池

分解示意图

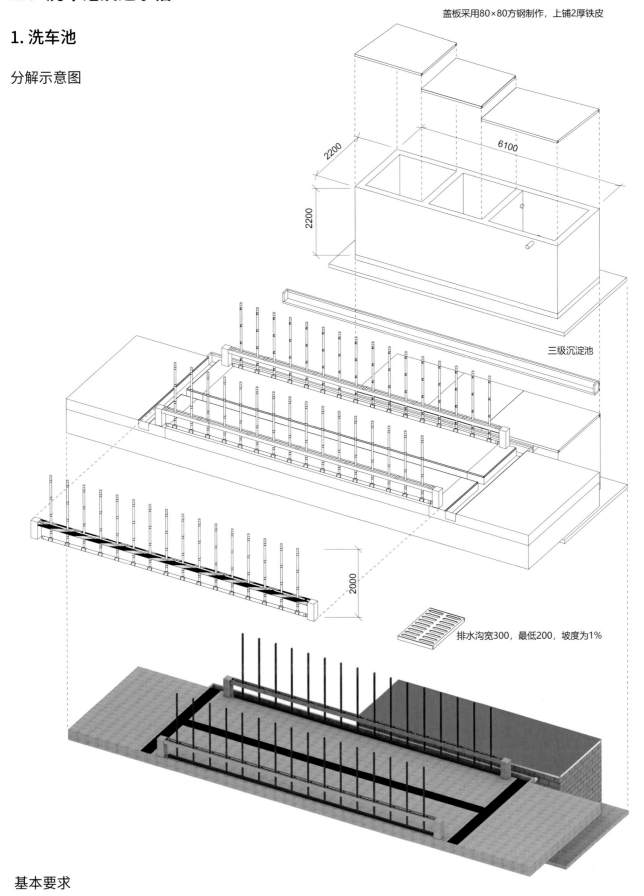

盖板采用80×80方钢制作，上铺2厚铁皮

2200

6100

2200

三级沉淀池

2000

排水沟宽300，最低200，坡度为1%

### 基本要求

在车辆进出施工现场的主要出入口设置车辆清洗设备，以保证施工泥浆不随车辆污染市政道路，污水排入三级沉淀池。

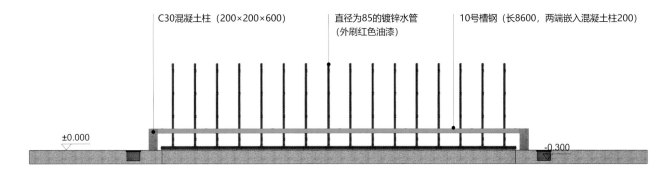

C30混凝土柱（200×200×600）　直径为85的镀锌水管　10号槽钢（长8600，两端嵌入混凝土柱200）
（外刷红色油漆）

±0.000

-0.300

立面示意图

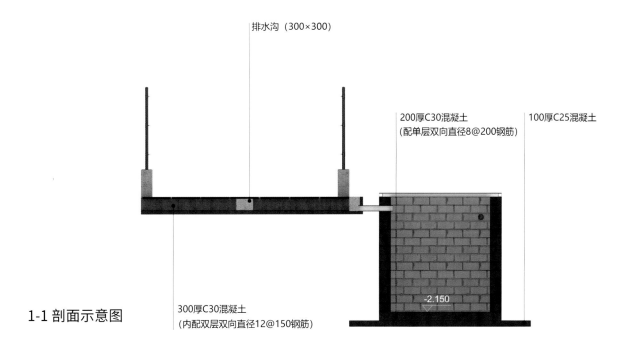

排水沟（300×300）

200厚C30混凝土　　　　　　100厚C25混凝土
（配单层双向直径8@200钢筋）

1-1 剖面示意图

300厚C30混凝土
（内配双层双向直径12@150钢筋）

-2.150

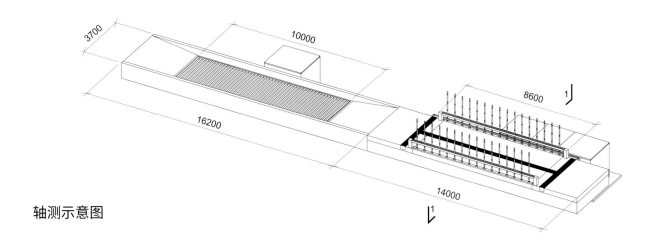

3700

10000

8600

16200

14000

1

1

轴测示意图

## 2. 过水槽

分解示意图

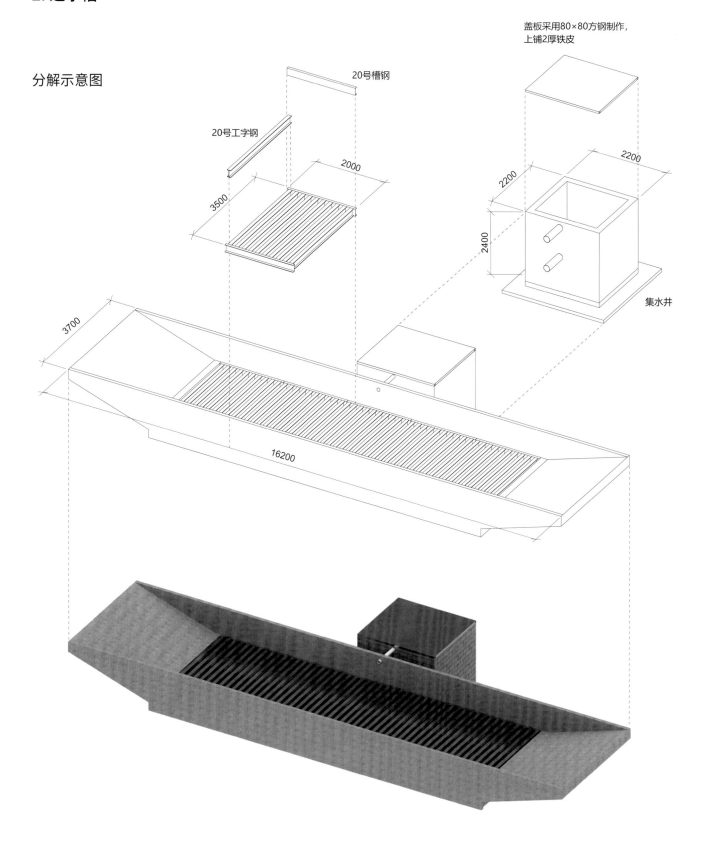

盖板采用80×80方钢制作，上铺2厚铁皮

20号槽钢

20号工字钢

2000

3500

2200

2200

2400

集水井

3700

16200

## 基本要求

面层采用 20 号工字钢与 20 号槽钢组合铺设，内设排水管道将污水排至沉淀池。

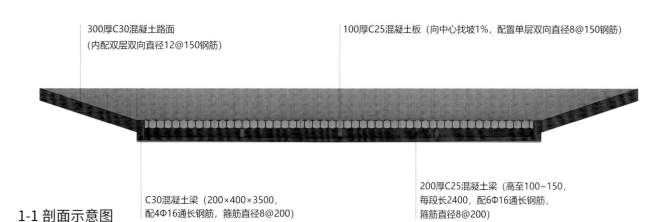

300厚C30混凝土路面
(内配双层双向直径12@150钢筋)

100厚C25混凝土板（向中心找坡1%，配置单层双向直径8@150钢筋)

**1-1 剖面示意图**

C30混凝土梁（200×400×3500，配4Φ16通长钢筋，箍筋直径8@200)

200厚C25混凝土梁（高至100~150，每段长2400，配6Φ16通长钢筋，箍筋直径8@200)

200宽C30混凝土板（向中心找坡1%，配置单层双向直径8@150钢筋)

300厚C30混凝土路面
(内配双层双向直径12@150钢筋)

600宽C30混凝土梁（高100~150，每段长4950)

**2-2 剖面示意图**

20号工字钢

20号槽钢

-2.150

100宽C30混凝土梁
(竖向布置直径8@200钢筋)

100厚C25混凝土

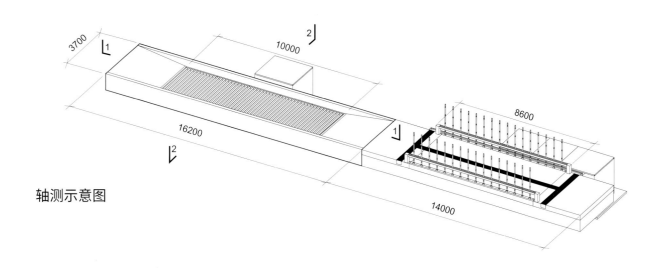

3700

10000

16200

8600

14000

**轴测示意图**

## 2.6 移动废料笼

分解示意图

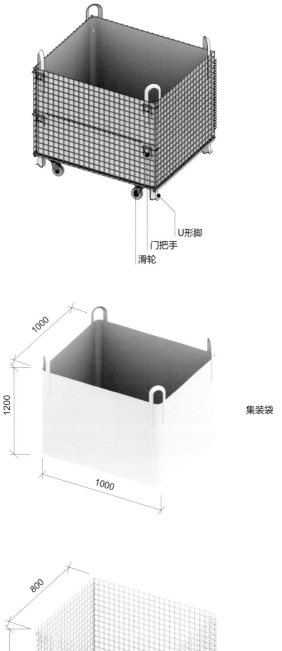

U形脚

门把手

滑轮

集装袋

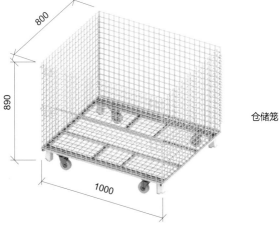

仓储笼

## 基本要求

（1）仓储笼尺寸为 1000mm×800mm×890mm，集装袋尺寸为 1000mm×1000mm×1200mm。

（2）移动废料笼类型：金属废料笼，塑料废料笼，混凝土废料笼，砂浆废料笼，木料废料笼。

（3）集装袋承载力为 1.4t。

# 2.7 液压打包机

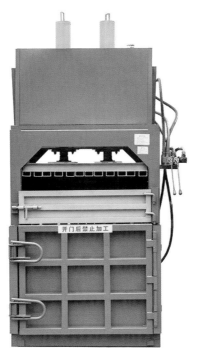

液压打包机

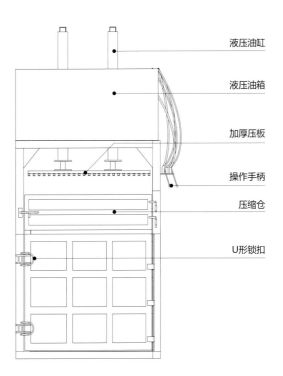

液压油缸

液压油箱

加厚压板

操作手柄

压缩仓

U形锁扣

立面示意图

# 2.8 垃圾通道

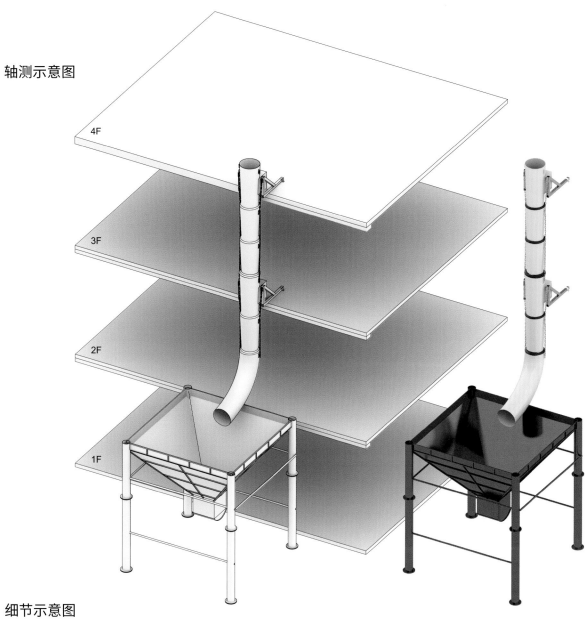

轴测示意图

4F

3F

2F

1F

细节示意图

入料标准段

30
108.60
57

500
1200
480
450
400

中间连接段

500
1200
400

钢锁链

110.18

35

G80级20Mn2起重链条（直径5）

## 基本要求

（1）垃圾通道下配空中垃圾池。

（2）垃圾通道应安装于室外。

# 2.9 安全教育讲评台

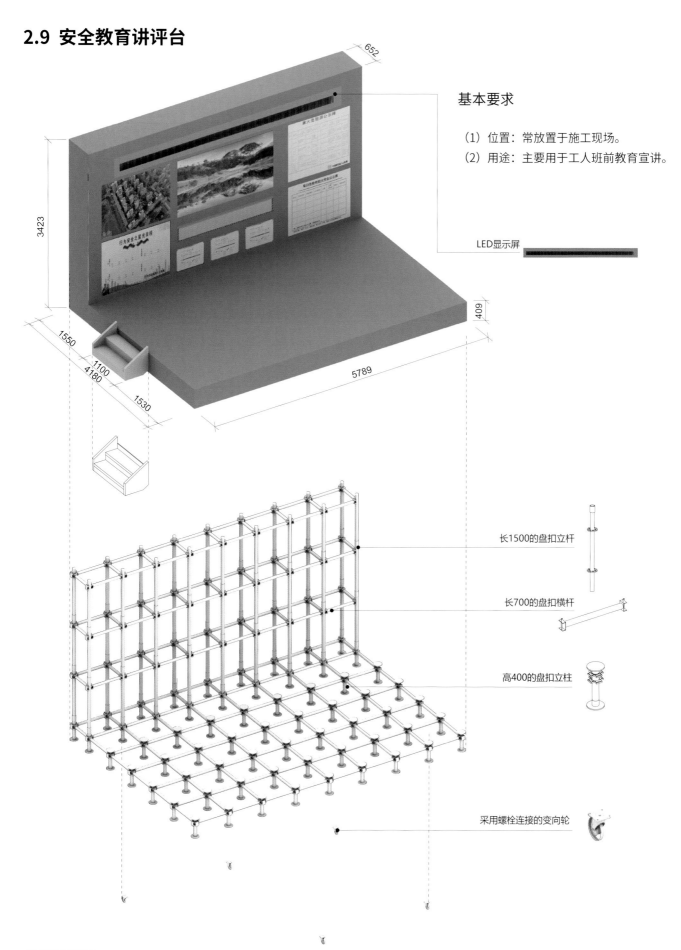

基本要求

（1）位置：常放置于施工现场。
（2）用途：主要用于工人班前教育宣讲。

LED显示屏

长1500的盘扣立杆

长700的盘扣横杆

高400的盘扣立柱

采用螺栓连接的变向轮

分解示意图

# 图牌
# PICTURE CARD

# 3.1 品牌墙

轴测示意图

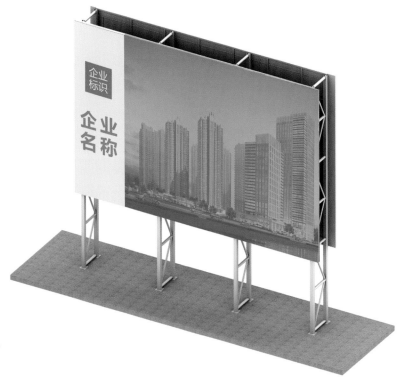

基本要求

通常位于入口区大门外围墙。

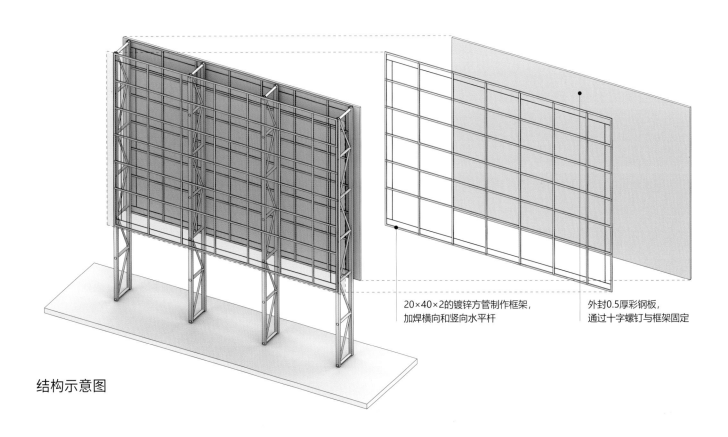

20×40×2的镀锌方管制作框架，
加焊横向和竖向水平杆

外封0.5厚彩钢板，
通过十字螺钉与框架固定

结构示意图

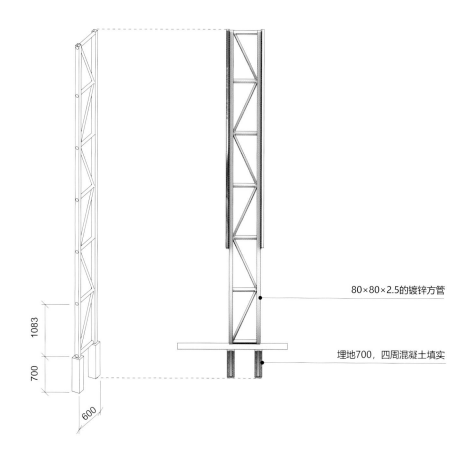

80×80×2.5的镀锌方管

埋地700，四周混凝土填实

**细节示意图**

1083

700

600

**搭设步骤**

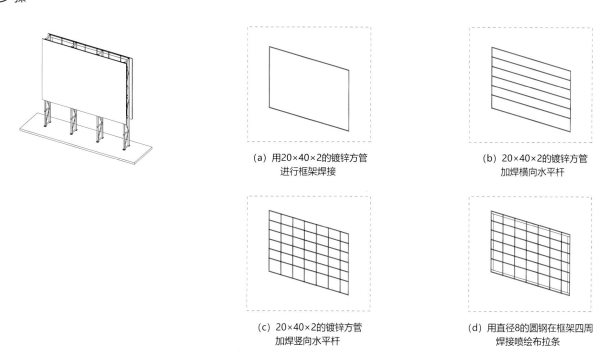

（a）用20×40×2的镀锌方管
进行框架焊接

（b）20×40×2的镀锌方管
加焊横向水平杆

（c）20×40×2的镀锌方管
加焊竖向水平杆

（d）用直径8的圆钢在框架四周
焊接喷绘布拉条

# 3.2 告示牌

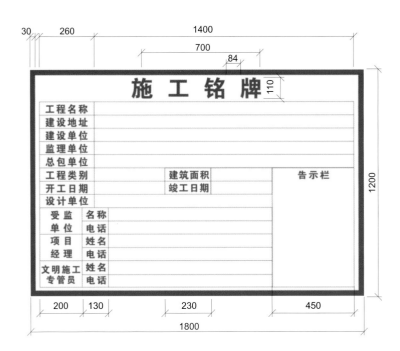

## 施工铭牌

（1）位置：外围墙大门右侧。

（2）材质：户外写真 +5mm 厚雪弗板。

## 建筑工人维权告示牌

（1）位置：外围墙大门右侧。

（2）材质：户外写真 +5mm 厚雪弗板。

## 建筑工人维权告示事项

(1) 位置：外围墙大门右侧。
(2) 材质：户外写真 +5mm 厚雪弗板。

### 建筑工人维权告示事项

工友们：

为了更好维护你的合法权益，请在务工和维权过程中，注意以下事项：

一、当你被建筑用人企业录用时，你有权要求用人企业与你签订书面的劳动合同，在合同中明确约定工作内容、工作时间、劳动报酬和支付方式等，且劳动报酬不得低于本市最低工资支付标准。

二、当你进入施工现场作业前，你有权接受当地政府部门和施工企业组织的岗前培训、安全教育等。

三、你在进入施工现场履行劳动合同时：

用工企业应为你进行实名制登记和办理"实名制工资银行卡"，每日考勤，按照合同约定发放劳动报酬。

四、当用人企业同你发生劳动报酬争议或存在拖欠工资行为时，总承包企业分管领导和项目经理是第一责任人，用人企业是直接责任人。如你向第一责任人和直接责任人投诉仍不能得到处理的，你可通过逐级反映的正常途径向工程项目所在地的劳动保障监察部门或建设管理部门投诉。投诉时你应当提供劳动合同、身份证明、实名制工资银行卡、被拖欠工资的证明等内容的有效材料。

五、你可自愿参加工会组织，依法享有工会会员的权利。

请提高劳动防护意识，遵守操作规程，佩戴好个人劳动防护用品；遵守工作纪律，接受日常考勤，服从管理。

请理性维权，任何过激的不当投诉行为都有可能受到法律制裁。

1500 · 800

## 扬尘控制方案公示牌

(1) 位置：外围墙大门右侧。
(2) 材质：户外写真 +5mm 厚雪弗板。

## 3.3 限速标志、禁止鸣笛、道路指示牌、人车分离及反光镜

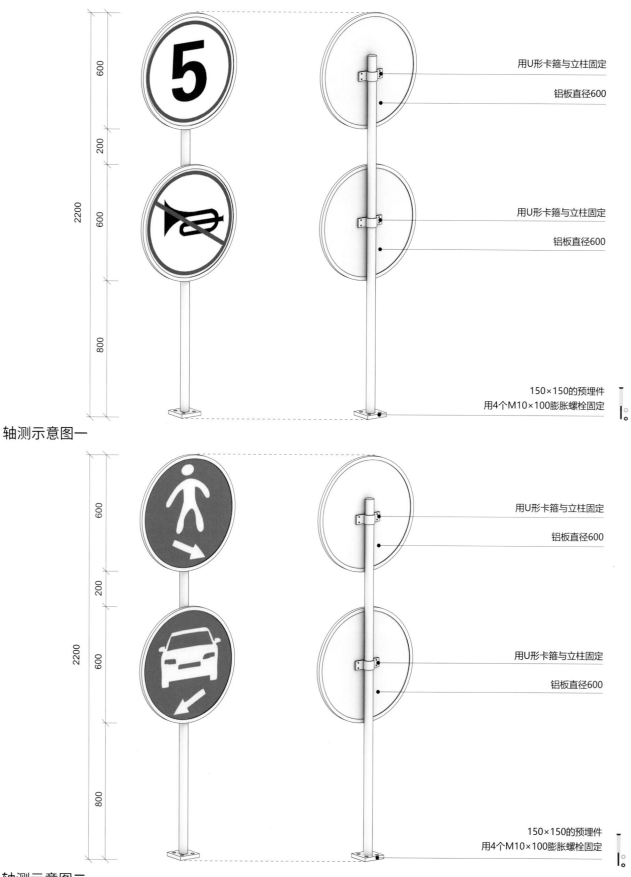

轴测示意图一

轴测示意图二

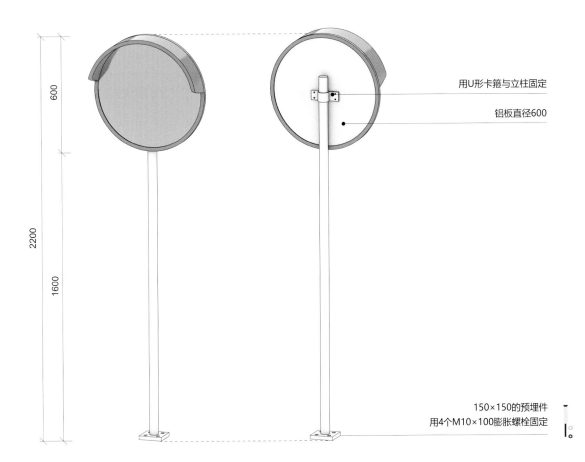

用U形卡箍与立柱固定

铝板直径600

150×150的预埋件
用4个M10×100膨胀螺栓固定

轴测示意图三

## 基本要求

（1）位置：施工现场道路。

（2）材质：户外写真 +5mm 厚雪弗板。

# 3.4 安全可视化公示栏

## 1. 类型一

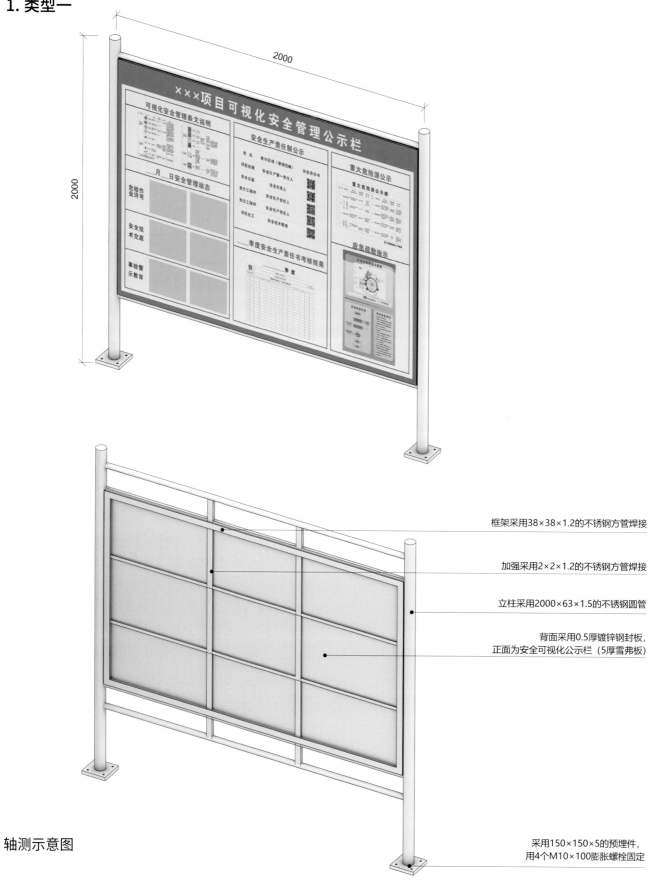

框架采用38×38×1.2的不锈钢方管焊接

加强采用2×2×1.2的不锈钢方管焊接

立柱采用2000×63×1.5的不锈钢圆管

背面采用0.5厚镀锌钢封板,
正面为安全可视化公示栏(5厚雪弗板)

采用150×150×5的预埋件,
用4个M10×100膨胀螺栓固定

轴测示意图

## 搭设步骤

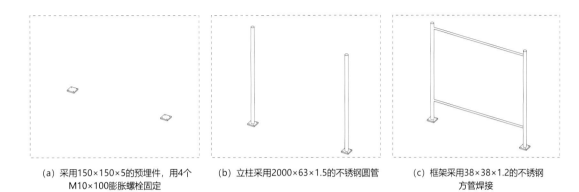

（a）采用150×150×5的预埋件，用4个
M10×100膨胀螺栓固定

（b）立柱采用2000×63×1.5的不锈钢圆管

（c）框架采用38×38×1.2的不锈钢
方管焊接

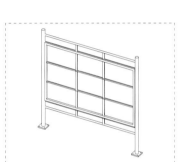
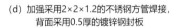
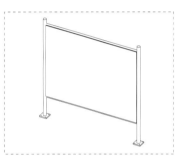

（d）加强采用2×2×1.2的不锈钢方管焊接，
背面采用0.5厚的镀锌钢封板

（e）正面图牌用户外写真+5厚雪弗板制作

## 基本要求

（1）位置：入口区道路一侧。

（2）图牌材质：户外写真+5mm厚雪弗板。

## 2. 类型二

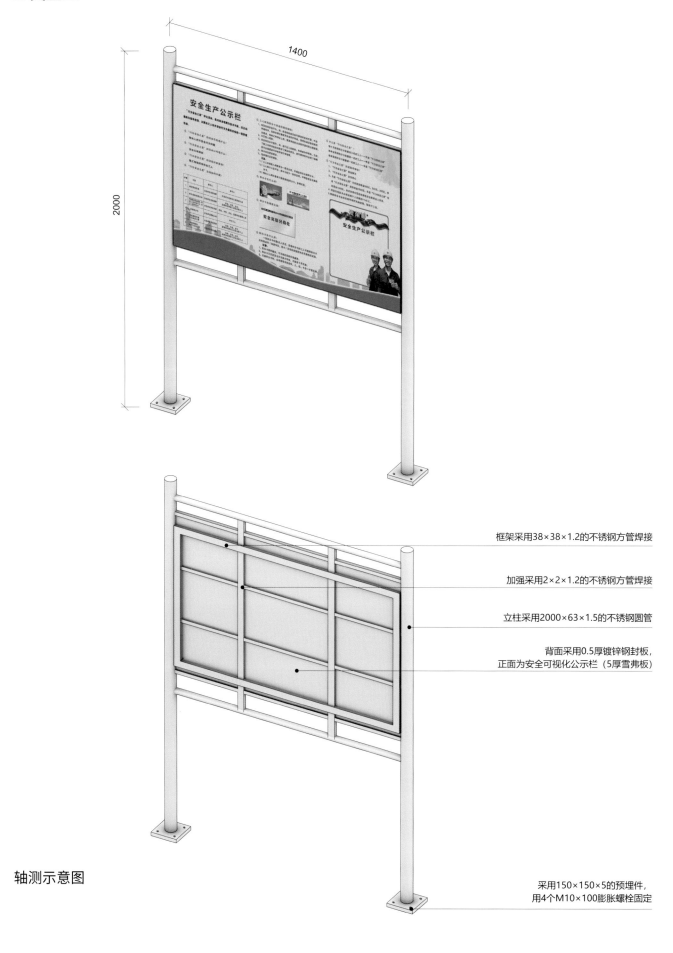

框架采用38×38×1.2的不锈钢方管焊接

加强采用2×2×1.2的不锈钢方管焊接

立柱采用2000×63×1.5的不锈钢圆管

背面采用0.5厚镀锌钢封板，
正面为安全可视化公示栏（5厚雪弗板）

采用150×150×5的预埋件，
用4个M10×100膨胀螺栓固定

轴测示意图

## 搭设步骤

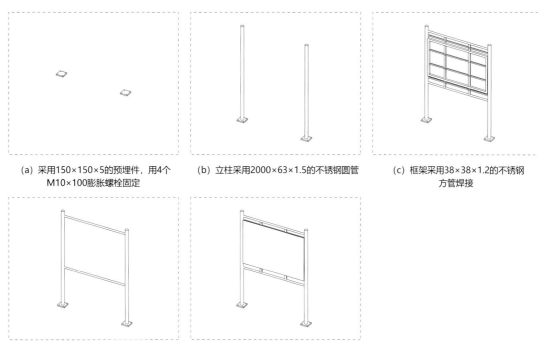

(a) 采用150×150×5的预埋件，用4个 M10×100膨胀螺栓固定

(b) 立柱采用2000×63×1.5的不锈钢圆管

(c) 框架采用38×38×1.2的不锈钢方管焊接

(d) 采用十字螺丝将0.5厚镀锌钢板固定在框架上

(e) 正面图牌用户外写真+5厚雪弗板制作

## 公示栏示例

(a) 项目风险分级公示牌

(b) 应急疏散图

(c) 重大危险源公示牌

(d) 安全生产公示栏

(e) 危大工程公示牌

(f) 违章作业公示牌

## 基本要求

（1）位置：入口区道路一侧。

（2）图牌材质：户外写真 +5mm 厚雪弗板。

# 3.5 九牌一图

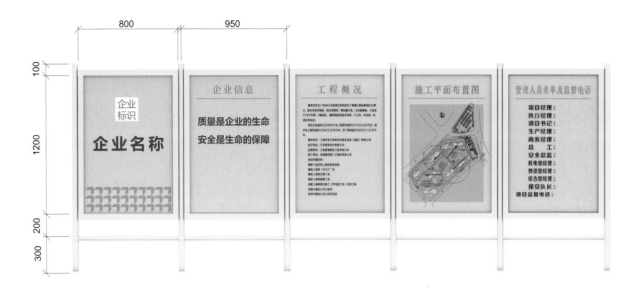

立面示意图

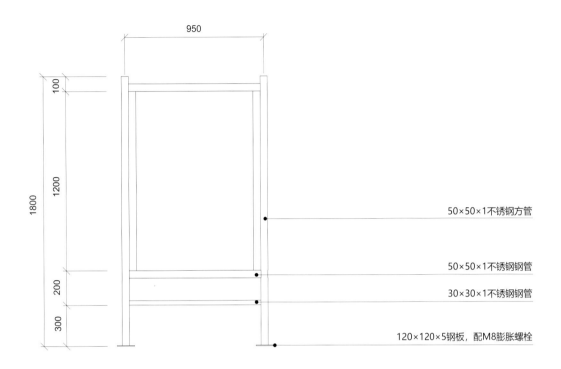

950

100

1200

1800

200

300

50×50×1不锈钢方管

50×50×1不锈钢钢管

30×30×1不锈钢钢管

120×120×5钢板，配M8膨胀螺栓

## 细节示意图

## 基本要求

（1）位置：工地大门内显要位置。

（2）字体：图牌白底蓝字，标题为红色方正大黑。

（3）规格：图牌为长方形，宽高比为 2∶3。

（4）材质：支架采用不锈钢钢管，颜色为不锈钢本色；图牌为喷绘布加镀锌铁皮白板。

（5）固定：下部设置 120×120×5 的钢板，采用 M8 膨胀螺栓与地面固定。

# 3.6 安全警示镜

## 分解示意图

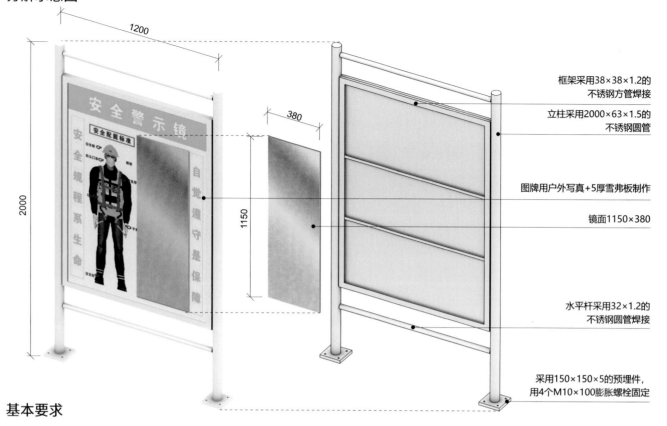

框架采用38×38×1.2的不锈钢方管焊接

立柱采用2000×63×1.5的不锈钢圆管

图牌用户外写真+5厚雪弗板制作

镜面1150×380

水平杆采用32×1.2的不锈钢圆管焊接

采用150×150×5的预埋件，用4个M10×100膨胀螺栓固定

## 基本要求

（1）位置：入口区道路一侧。

（2）材质：户外写真+5mm厚雪弗板。

## 搭设步骤

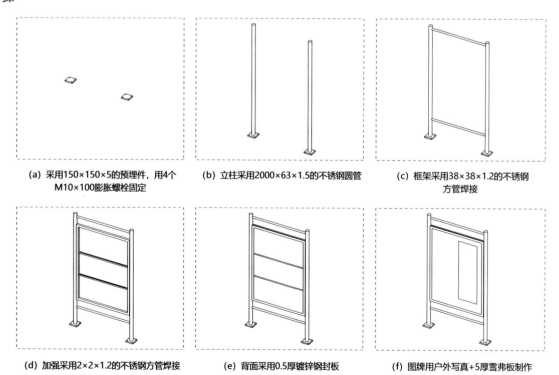

(a) 采用150×150×5的预埋件，用4个 M10×100膨胀螺栓固定

(b) 立柱采用2000×63×1.5的不锈钢圆管

(c) 框架采用38×38×1.2的不锈钢 方管焊接

(d) 加强采用2×2×1.2的不锈钢方管焊接

(e) 背面采用0.5厚镀锌钢封板

(f) 图牌用户外写真+5厚雪弗板制作

# 3.7 楼层内图牌

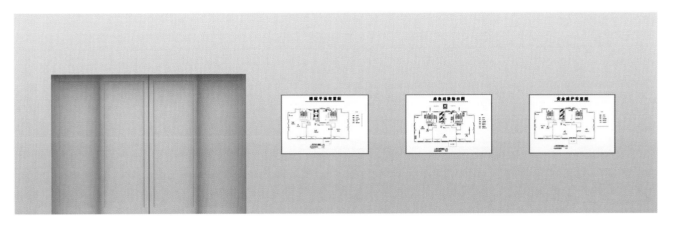

立面示意图

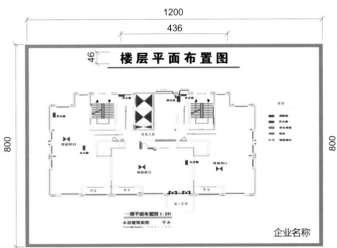

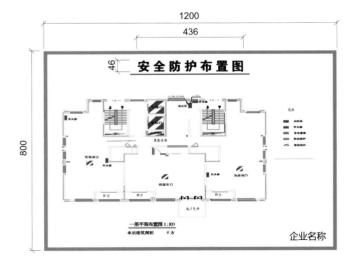

基本要求

（1）位置：楼层内。

（2）材质：户外写真 +5mm 厚雪弗板。

（3）标题为方正大黑简体。

# 4

# 加工场、堆场及仓库
PROCESSING YARD, STORAGE YARD AND WAREHOUSE

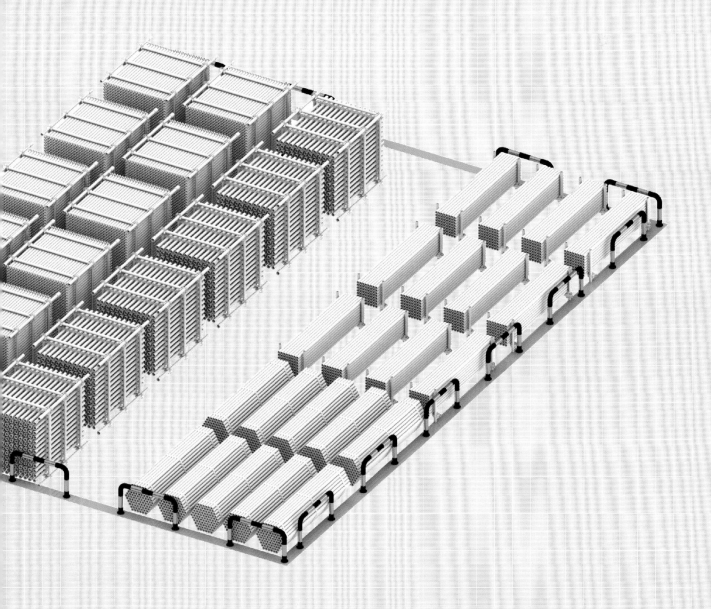

## 4.1 钢筋加工区域

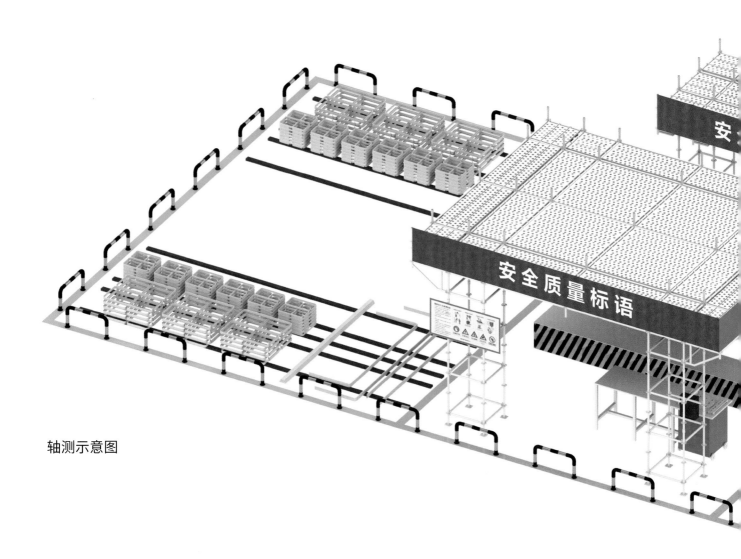

轴测示意图

### 基本要求

（1）钢筋加工区域需布置在塔吊覆盖范围内，避免二次倒运。

（2）钢筋加工区域需采用 U 形钢管护栏隔离，并刷 200mm 宽黄色油漆；护栏每隔 2000mm 布置一道。

（3）钢筋加工区域内配电箱尽量布置在一起，整齐划一，一机一闸。

（4）钢筋半成品材料须码放整齐，方便使用和吊运。

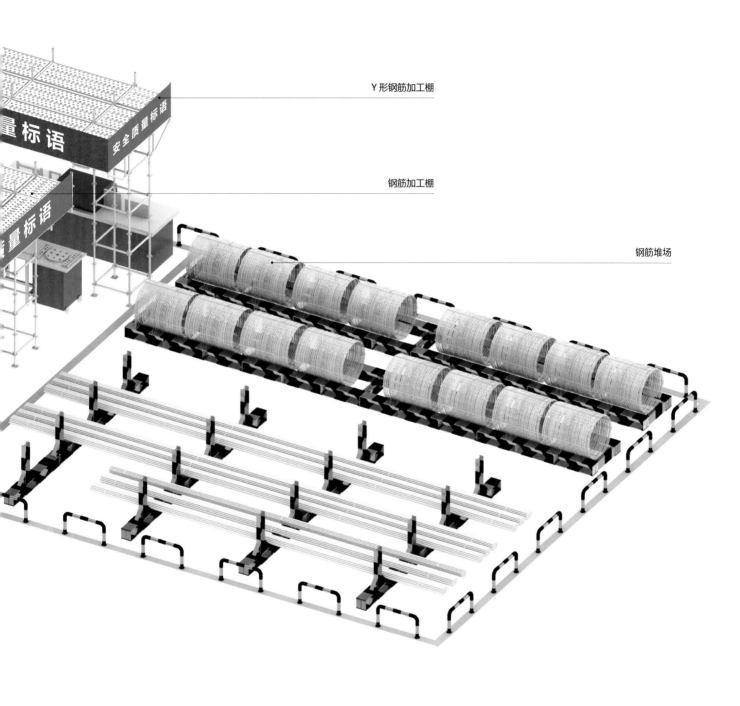

Y 形钢筋加工棚

钢筋加工棚

钢筋堆场

# 1. 钢筋加工棚

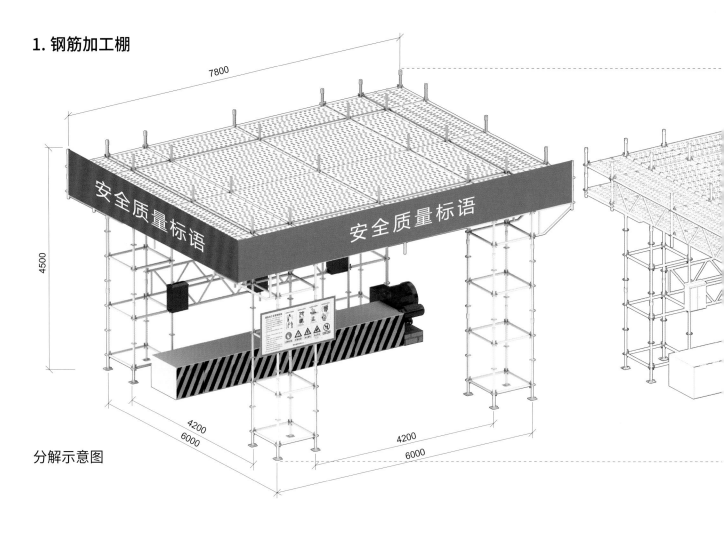

7800

4500

安全质量标语

安全质量标语

分解示意图

4200
6000

4200
6000

## 搭设步骤

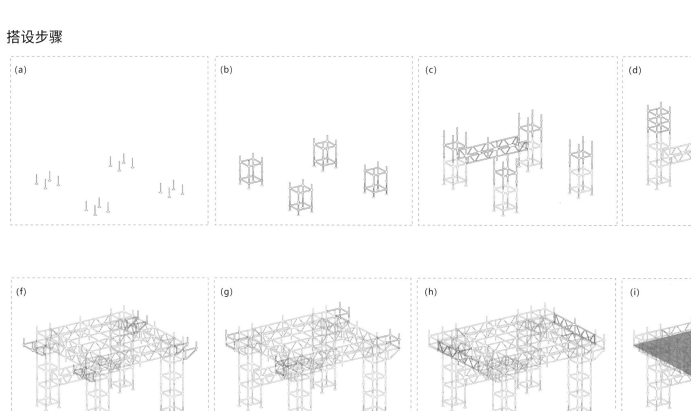

(a)  (b)  (c)  (d)

(f)  (g)  (h)  (i)

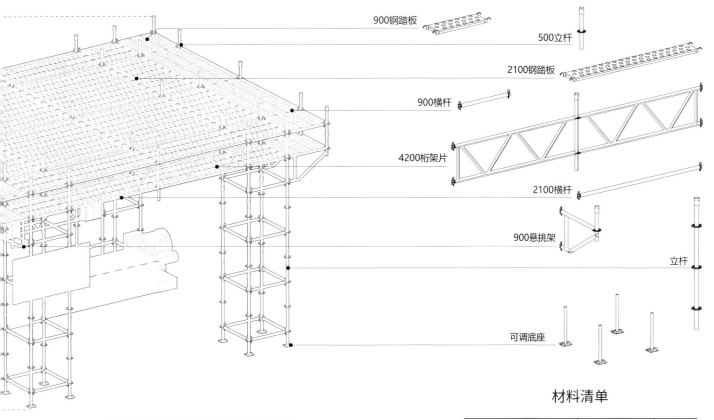

900钢踏板
500立杆
2100钢踏板
900横杆
4200桁架片
2100横杆
900悬挑架
立杆
可调底座

## 材料清单

| 名称 | 数量 | 单位 |
|---|---|---|
| 可调底座 | 16 | 个 |
| 2500 立杆 | 8 | 根 |
| 2000 立杆 | 16 | 根 |
| 1500 立杆 | 8 | 根 |
| 500 立杆 | 8 | 根 |
| 900 横杆 | 126 | 根 |
| 2100 横杆 | 4 | 根 |
| 4200 桁架片 | 10 | 片 |
| 900 钢踏板 | 112 | 块 |
| 2100 钢踏板 | 112 | 块 |
| 900 悬挑架 | 8 | 个 |

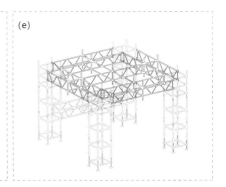

(e)

(j)

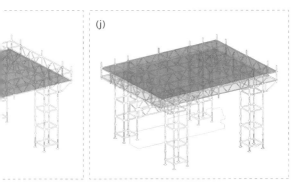

## 基本要求

（1）施工现场塔吊覆盖范围内的钢筋加工棚应采取双层防护以满足防砸要求，并自行设置防水措施。

（2）防护棚采用盘扣钢管搭设，主要标准配件有立杆、横杆、可调底座、桁架片、钢踏板、悬挑架。

（3）防护棚顶部设置安全标语。

（4）钢筋加工棚尺寸为 6000mm×7800mm×4500mm。

（5）钢筋加工棚内放置防水防爆 LED 灯。

（6）钢筋加工棚上外边缘设置 LED 灯带。

## 2. Y 形钢筋加工棚

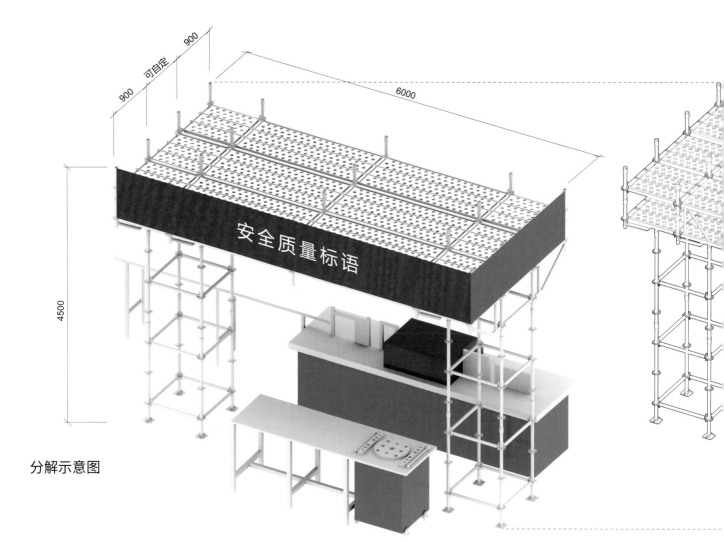

分解示意图

搭设步骤

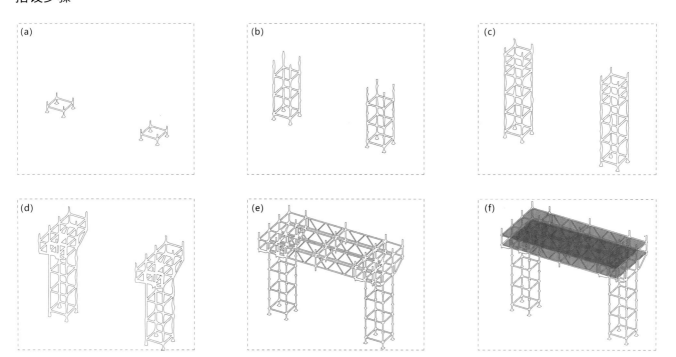

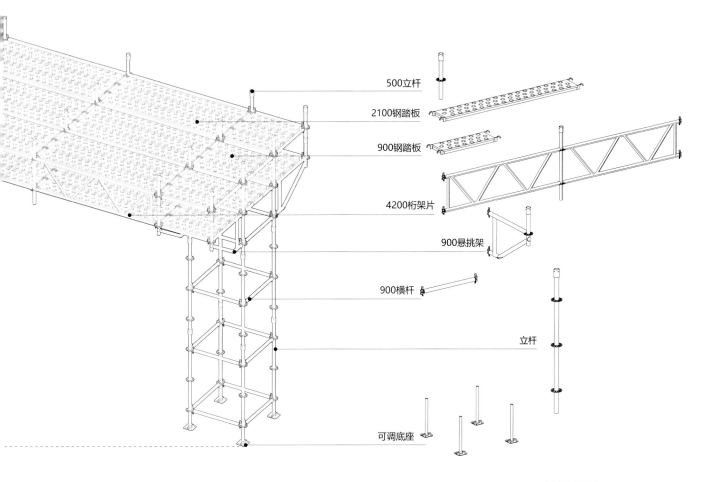

500立杆

2100钢踏板

900钢踏板

4200桁架片

900悬挑架

900横杆

立杆

可调底座

## 基本要求

（1）施工现场塔吊覆盖范围内的钢筋加工棚应采取双层防护以满足防砸要求，并自行设置防水措施。

（2）防护棚采用盘扣钢管搭设，主要标准配件有立杆、横杆、可调底座、桁架片、钢踏板、悬挑架。

（3）防护棚顶部设置安全标语。

（4）钢筋加工棚长为 6000mm, 高 4500mm, 宽可根据现场实际情况自行选定。

（5）钢筋加工棚内放置防水防爆 LED 灯。

（6）钢筋加工棚上外边缘设置 LED 灯带。

（7）钢筋加工棚下可调节底座需用膨胀螺栓固定。

## 材料清单

| 名称 | 数量 | 单位 |
|---|---|---|
| 可调底座 | 8 | 个 |
| 2500 立杆 | 4 | 根 |
| 200 立杆 | 8 | 根 |
| 1500 立杆 | 4 | 根 |
| 500 立杆 | 8 | 根 |
| 900 横杆 | 8 | 根 |
| 4200 桁架片 | 4 | 片 |
| 900 钢踏板 | 36 | 块 |
| 2100 钢踏板 | 36 | 块 |
| 900 悬挑架 | 8 | 个 |

## 3. 钢筋堆场

### 分解示意图一

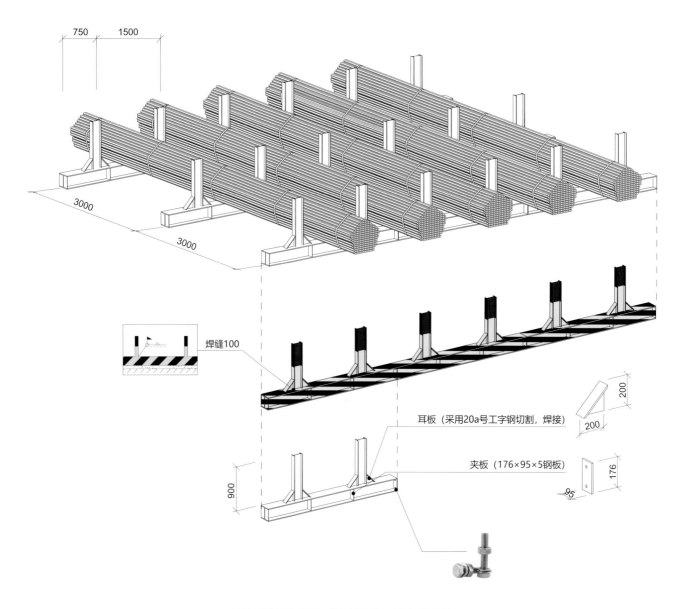

焊缝100

耳板（采用20a号工字钢切割，焊接）

夹板（176×95×5钢板）

HW250型钢每隔1000，增加夹板1道，夹板与型钢焊接

### 基本要求

（1）钢筋堆场面平整夯实并进行硬化，周围用工具式护栏进行隔离。

（2）钢筋架表面间隔300mm刷倾斜角度为45°的黑黄警示漆。

（3）钢筋应堆码整齐，不同型号应分开堆放。

分解示意图二

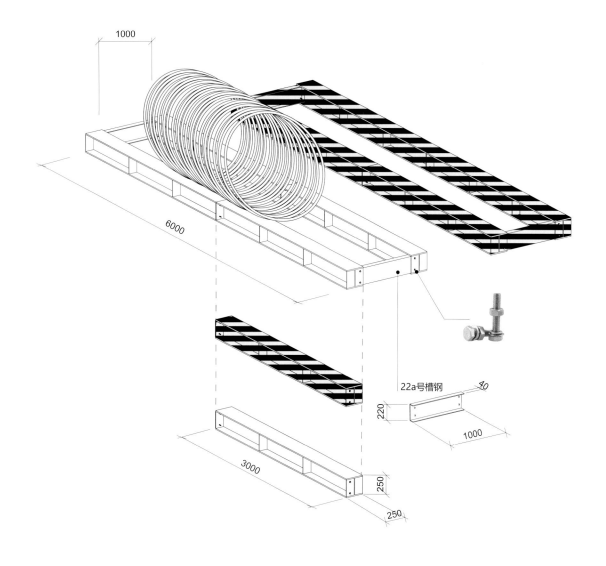

1000

6000

3000

250

250

22a号槽钢

220

40

1000

HW250型钢每隔1000，增加夹板1道，夹板与型钢焊接，夹板采用176×95×5钢板
槽钢与工字钢之间采用螺栓连接，在工字钢的左右两侧各加一个腹板，在工字钢与槽钢腹板连接处共计开4个孔

## 4.2 木工加工区域

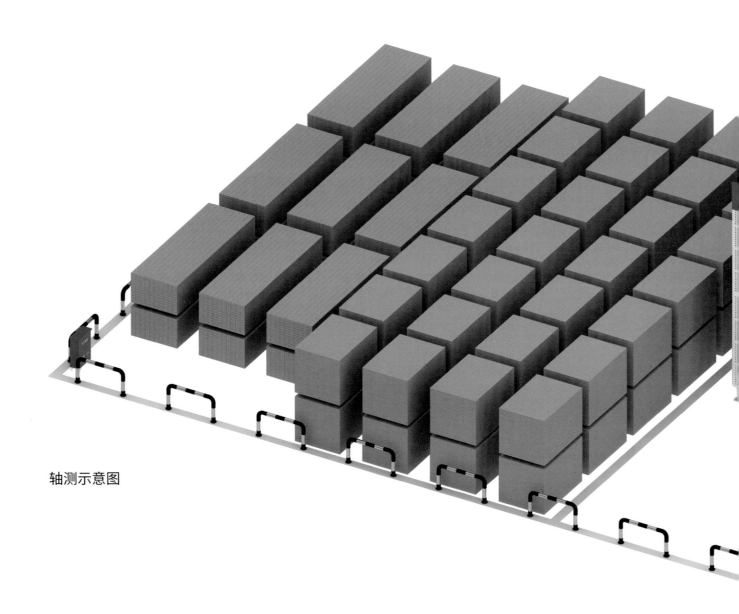

轴测示意图

### 基本要求

（1）模板木方应堆码整齐，不同规格应分开堆放。

（2）模板木方堆均须配置灭火器材。

（3）木工加工区域须采用 U 形钢管护栏隔离，并刷 200mm 宽黄色油漆；护栏每隔 2000mm 布置一道。

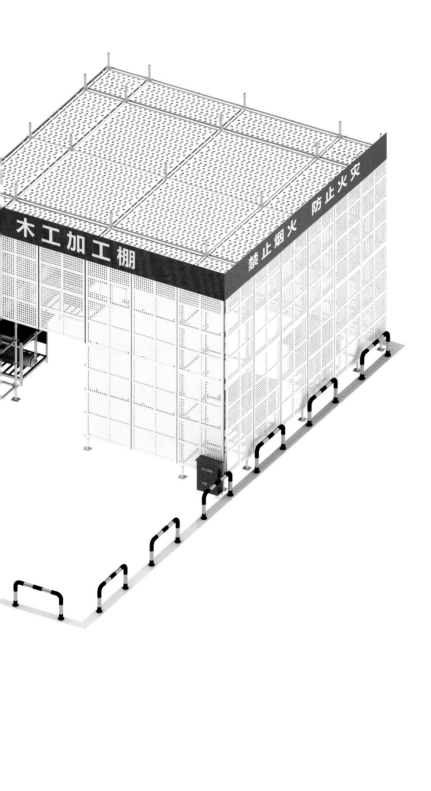

木 工 加 工 棚　禁 止 烟 火　防 止 火 灾

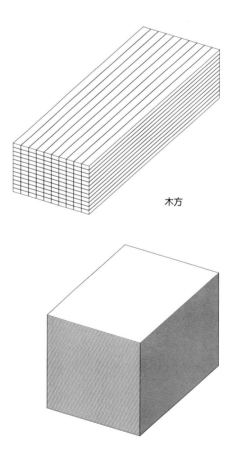

木方

模板

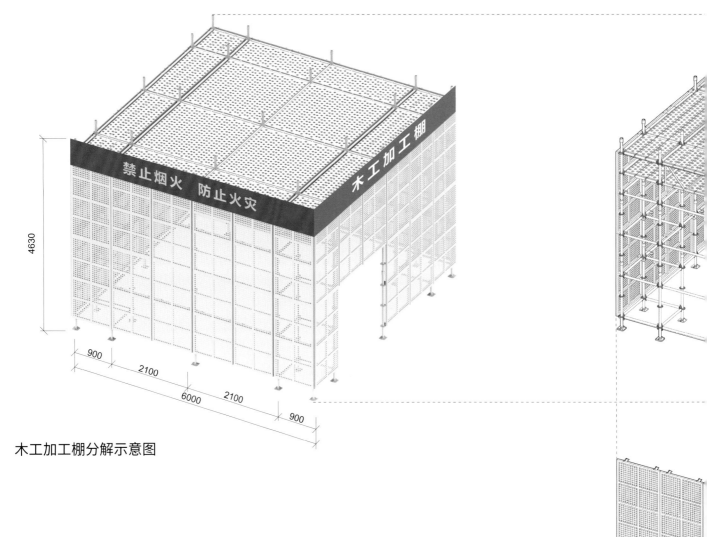

木工加工棚分解示意图

## 木工加工棚基本要求

（1）木工加工棚采用盘扣式钢管搭设，外侧挂镀锌钢板网，上铺两层钢踏板满足防砸要求，自行做好防水措施。

（2）木工加工棚内设置防水防爆 LED 灯，外侧上边缘挂 LED 灯带。

（3）木工加工棚门边侧设置重点防火标识牌及防火管理制度，并配备足够的灭火器材。

## 搭设步骤

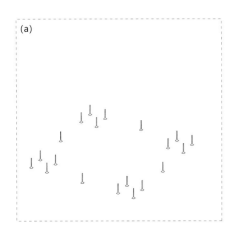

(a)

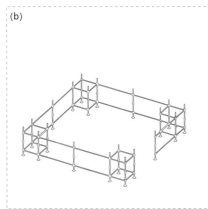

(b)

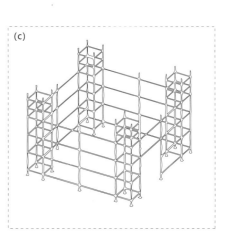

(c)

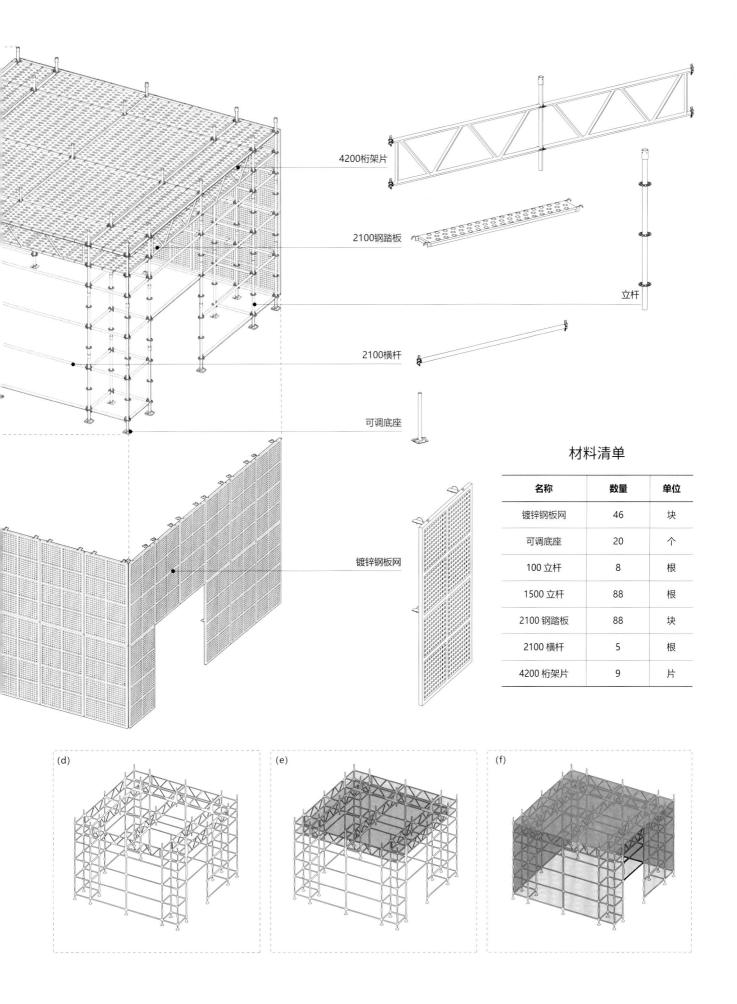

4200桁架片

2100钢踏板

立杆

2100横杆

可调底座

镀锌钢板网

## 材料清单

| 名称 | 数量 | 单位 |
|---|---|---|
| 镀锌钢板网 | 46 | 块 |
| 可调底座 | 20 | 个 |
| 100 立杆 | 8 | 根 |
| 1500 立杆 | 88 | 根 |
| 2100 钢踏板 | 88 | 块 |
| 2100 横杆 | 5 | 根 |
| 4200 桁架片 | 9 | 片 |

(d)

(e)

(f)

# 4.3 PC 堆场

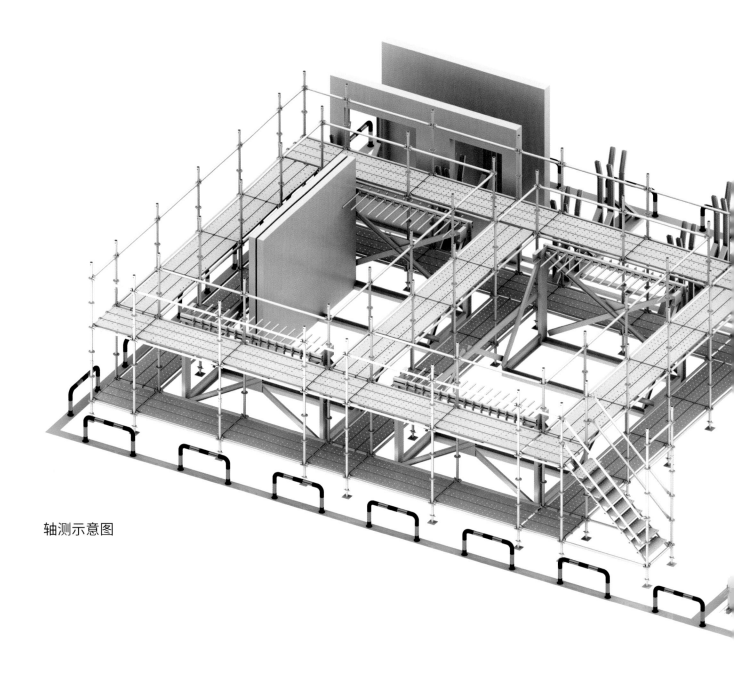

轴测示意图

## 基本要求

（1）构件应按吊运和安装的顺序堆放，并应有适当的通道以防止越堆吊运。

（2）预制墙板堆放应竖直插放，框架体应具有足够的刚度，并且安放木方稳固，以防止因倾倒或下沉而损坏构件的表面层。

（3）预制楼梯和叠合板水平堆叠，通常不超过六层，两层之间应用木方隔开。木方应位于吊点，上下层木方必须在一条垂直线上。

（4）PC 堆场须采用 U 形钢管护栏隔离，并刷 200mm 宽黄色油漆；护栏每隔 2000mm 布置一道。

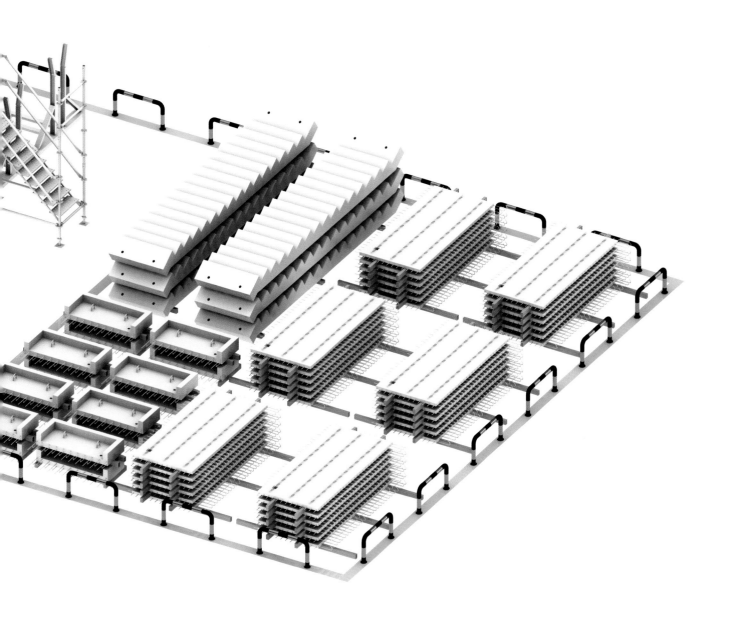

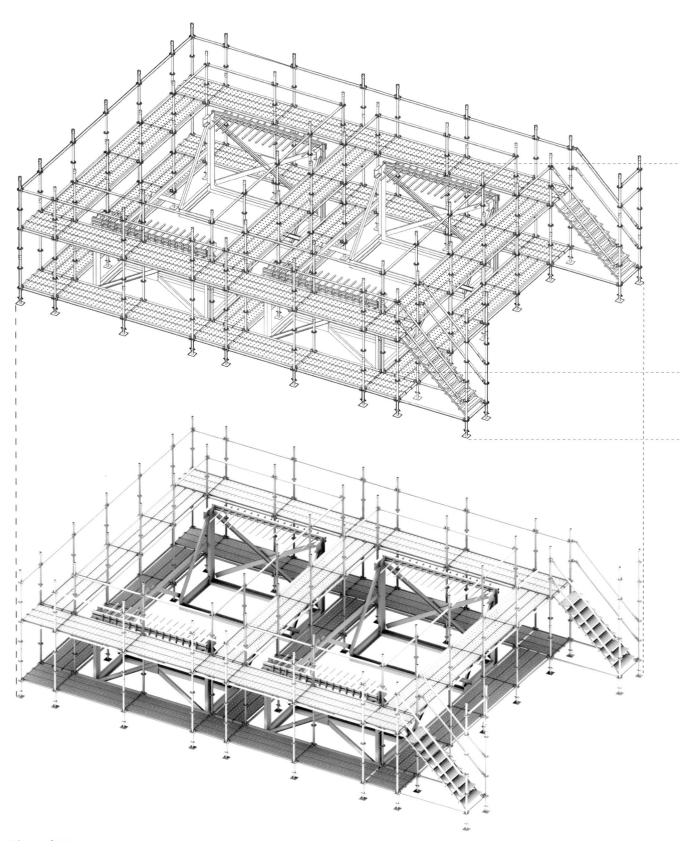

**分解示意图**

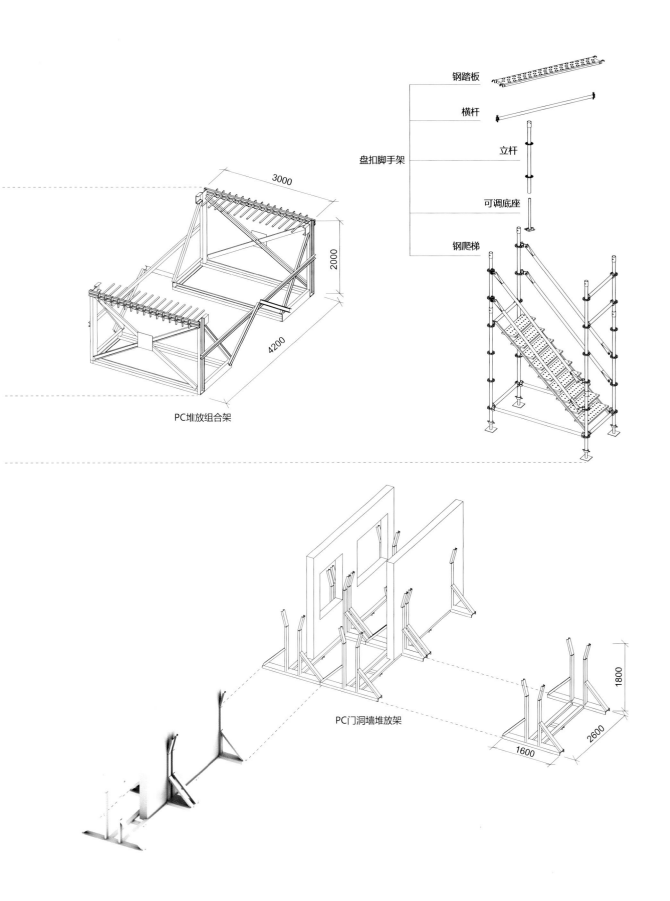

钢踏板

横杆

立杆

可调底座

盘扣脚手架

钢爬梯

3000

2000

4200

PC堆放组合架

1800

2600

1600

PC门洞墙堆放架

# 4.4 钢管堆场

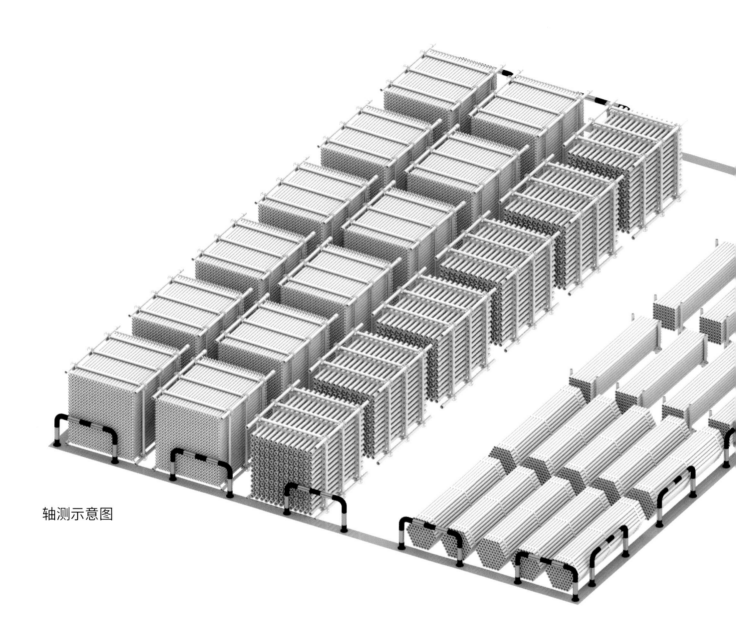

轴测示意图

## 基本要求

（1）钢管应堆码整齐，不同规格型号应分开堆放。

（2）钢管堆场须留有空间，以便叉车进出。

（3）钢管堆场须采用 U 形钢管护栏隔离，并刷 200mm 宽黄色油漆；护栏每隔 2000mm 布置一道。

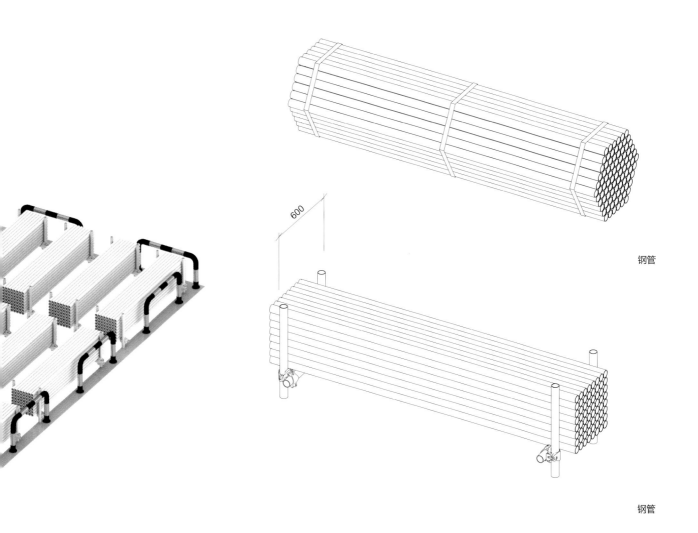

钢管

钢管

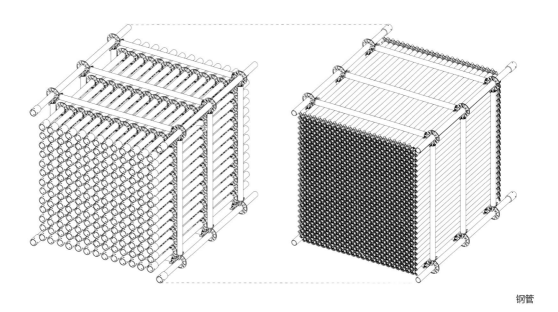

钢管

# 4.5 危险品仓库

## 轴测示意图

## 基本要求

（1）位置：根据临建场现场情况布置（远离施工区、生活区、办公区等人员集中的区域）。

（2）用途：储存危险品。

（3）建筑构件的燃烧性能等级为 A 级。

（4）易燃易爆危险品仓库单个房间的建筑面积不应超过 20m²，仓库应通风良好，并应设置严禁明火标志。

（5）可燃材料堆场及其加工场、易燃易爆危险品仓库不应布置在架空电力线下。

（6）易燃易爆危险品仓库与在建工程的防火间距不应小于 15m，可燃材料堆场及其加工场、固定动火作业场与在建工程的防火间距不应小于 10m，其他临时用房、临时设施与在建工程的防火间距不应小于 6m。

## 详细参数

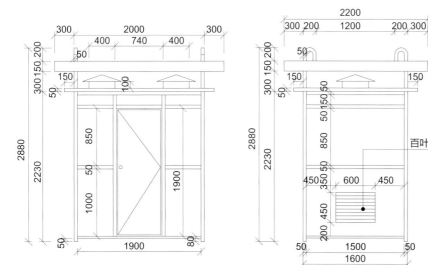

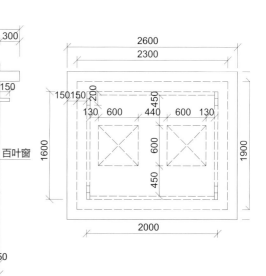

## 搭设步骤

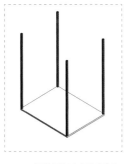

（a）焊接型钢立杆和钢板底板

（b）搭设四周钢板墙并安装大门

（c）搭设顶板、百叶窗、通风管

（d）搭设顶部防护钢板

（e）CI 及可视化布置

# 4.6 室内仓库及应急物资仓库

## 分解示意图

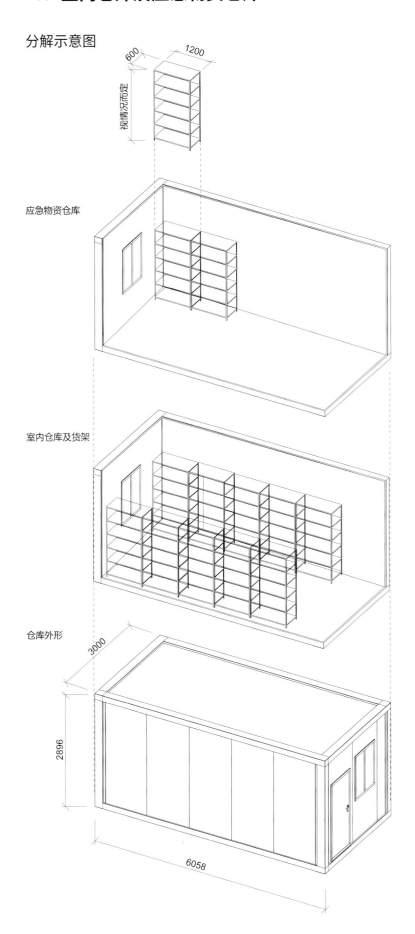

应急物资仓库

室内仓库及货架

仓库外形

## 应急物资清单

| 名称 | 型号 | 数量 | 单位 |
|---|---|---|---|
| 对讲机 | 5km | 16 | 部 |
| 雨鞋 | 40~45 码 | 30 | 双 |
| 雨衣 | M~XXL 码 | 30 | 件 |
| 灭火器 | 2kg | 20 | 组 |
| 强光手电 | * | 10 | 个 |
| 潜水泵 | 380V | 3 | 台 |
| 高压水带 | 2 寸 /50m | 10 | 盘 |
| 引流管 | * | 50 | m |
| 疏通扁铁带 | * | 30 | m |
| 铁丝 | 12 号 | 40 | kg |
| 绳索 | 尼龙 | 100 | m |
| 编织袋 | 500mm×800mm | 1000 | 个 |
| 警戒带 | * | 200 | m |
| 安全网 | 绿网 | 50 | 张 |
| 安全网 | 大眼白网 | 50 | 张 |
| 安全帽 | * | 500 | 顶 |
| 手套 | * | 80 | 双 |
| 消防桶 | * | 10 | 个 |
| 铁锹（平锹、尖锹） | * | 30 | 把 |
| 撬杠 | 12m | 5 | 把 |
| 开关箱 | 220V | 4 | 个 |
| 红药水 | * | * | * |
| 开关箱 | 380V | 4 | 个 |
| 药箱 | * | 2 | 个 |
| 担架 | * | 2 | 台 |
| 消毒水 | * | * | * |
| 绷带 | * | * | * |
| 医用胶布 | * | * | * |
| 藿香正气水 | * | 40 | 盒 |
| 风油精 | * | 20 | 盒 |
| 十滴水 | * | 20 | 盒 |
| 清凉油 | * | 10 | 盒 |
| 云南白药创可贴 | * | 1 | 盒 |
| 云南白药气雾剂 | * | 2 | 瓶 |
| 消毒酒精 | * | 1 | 瓶 |
| 云南白药粉 | * | 2 | 瓶 |
| 汞溴红（红药水） | * | 2 | 瓶 |
| 人丹 | * | 10 | 盒 |
| 酒精棉 | * | 2 | 瓶 / 盒 |
| 止血药（粉末） | * | 2 | 瓶 |
| 救生衣 | 均码 | 2 | 件 |
| 救生圈 | 均码 | 1 | 个 |
| 安全带（五点式双挂钩条） | * | 10 | 条 |

# 4.7 成品标准养护室

分解示意图

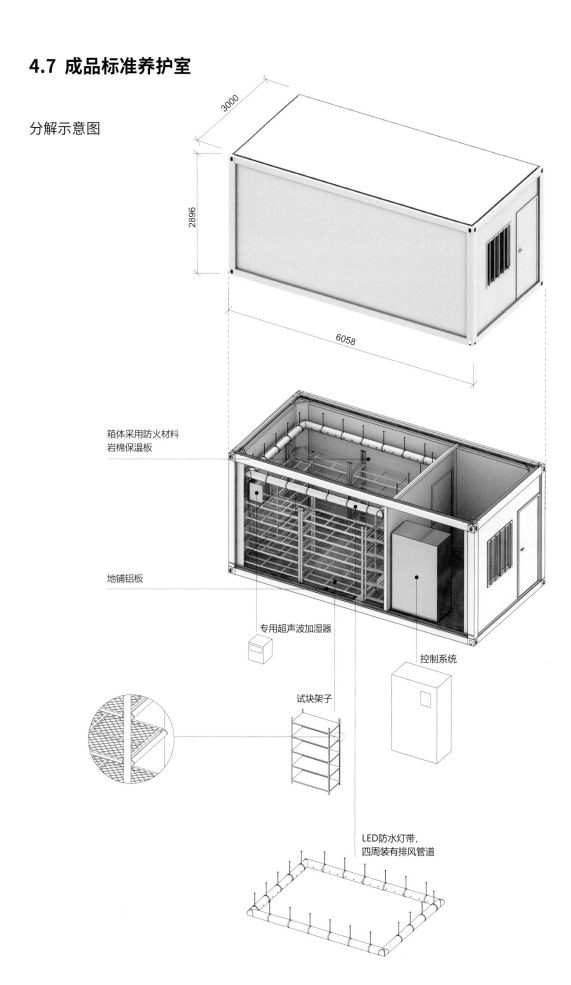

箱体采用防火材料
岩棉保温板

地铺铝板

专用超声波加湿器

控制系统

试块架子

LED防水灯带，
四周装有排风管道

## 4.8 休息亭

### 1. 集装箱式

分解示意图

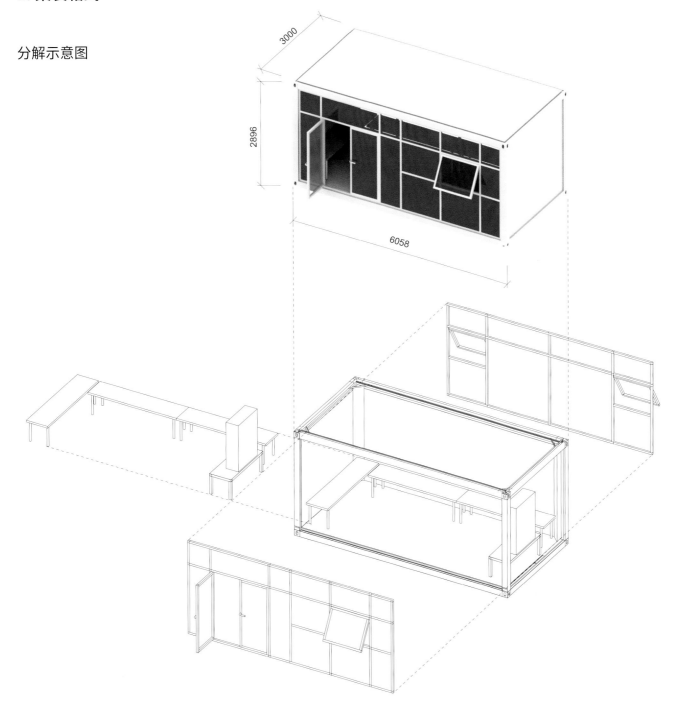

### 基本要求

（1）现场应设置单独房间作为休息亭，便于施工人员在施工过程中休息、吸烟使用，亭内设水桶和灭火器，内、外可布置安全宣传画。

（2）休息亭尺寸为 3000mm×2896mm×6058mm。

## 2. 盘扣式

分解示意图

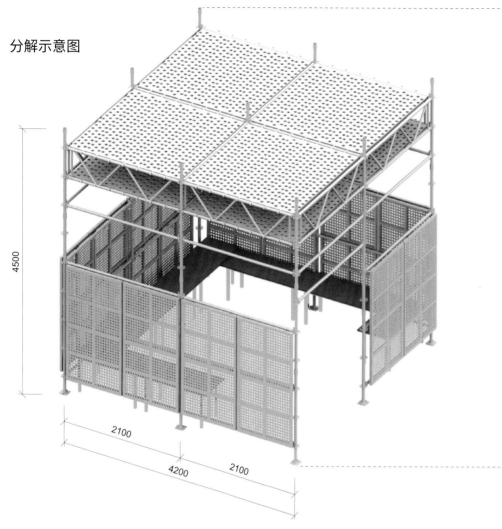

基本要求

（1）现场应设置单独房间作为休息亭，便于施工人员在施工过程中休息、吸烟使用，亭内设水桶和灭火器，内、外可布置安全宣传画，顶部采取防雨防砸措施。

（2）休息亭尺寸为 4200mm×4200mm×4500mm。

（3）休息亭采用盘扣架搭设。

搭设步骤

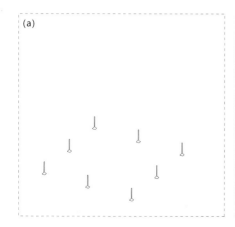

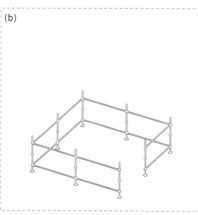

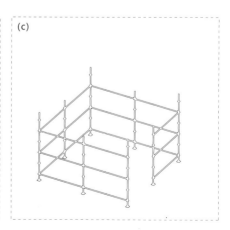

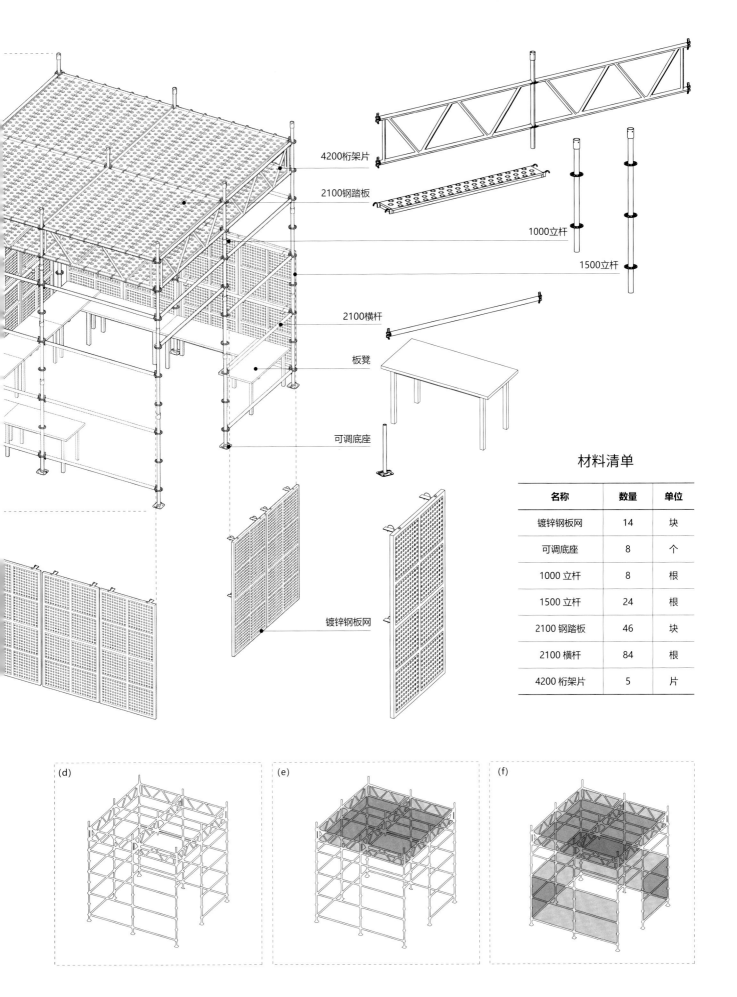

4200桁架片

2100钢踏板

1000立杆

1500立杆

2100横杆

板凳

可调底座

镀锌钢板网

材料清单

| 名称 | 数量 | 单位 |
|---|---|---|
| 镀锌钢板网 | 14 | 块 |
| 可调底座 | 8 | 个 |
| 1000 立杆 | 8 | 根 |
| 1500 立杆 | 24 | 根 |
| 2100 钢踏板 | 46 | 块 |
| 2100 横杆 | 84 | 根 |
| 4200 桁架片 | 5 | 片 |

(d)

(e)

(f)

# 施工机具
# CONSTRUCTION MACHINERY

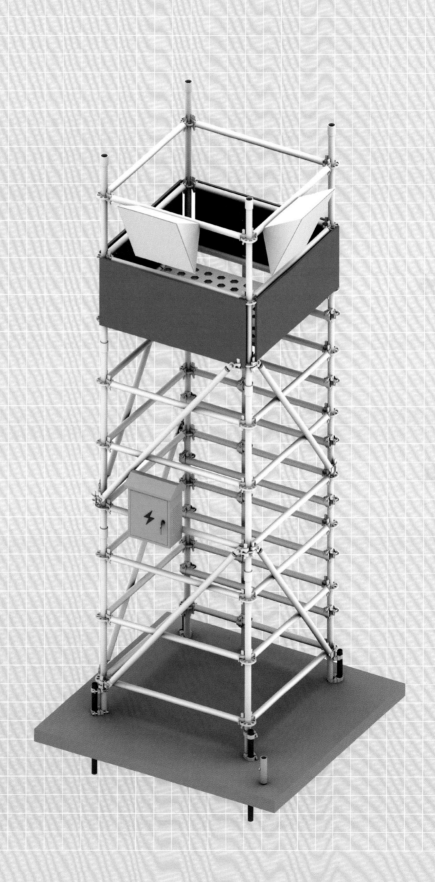

# 5.1 标准化吊笼

**分解示意图**

**基本要求**

（1）用途：吊运普通物件。
（2）工艺要点：各角钢之间全部满焊，方钢间距为325mm。

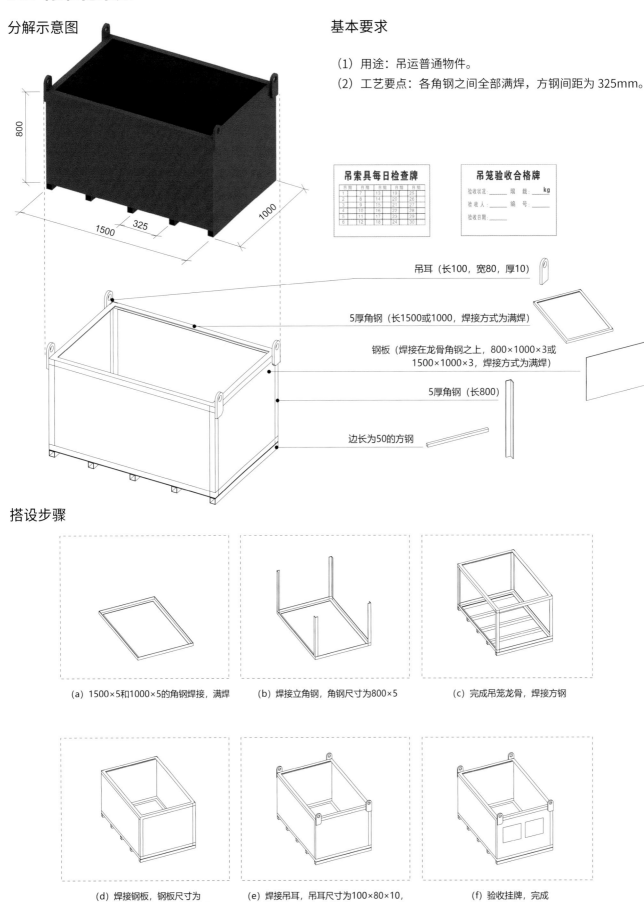

800

1500　325　1000

**吊索具每日检查牌**

| 日期 | | | | |
|---|---|---|---|---|
| 1 | 7 | 13 | 19 | 25 |
| 2 | 8 | 14 | 20 | 26 |
| 3 | 9 | 15 | 21 | 27 |
| 4 | 10 | 16 | 22 | 28 |
| 5 | 11 | 17 | 23 | 29 |
| 6 | 12 | 18 | 24 | 30 |

**吊笼验收合格牌**

验收状况：　　　限　载：＿＿＿**kg**
验收人：＿＿＿　编　号：＿＿＿
验收日期：＿＿＿

吊耳（长100，宽80，厚10）

5厚角钢（长1500或1000，焊接方式为满焊）

钢板（焊接在龙骨角钢之上，800×1000×3或1500×1000×3，焊接方式为满焊）

5厚角钢（长800）

边长为50的方钢

**搭设步骤**

(a) 1500×5和1000×5的角钢焊接，满焊

(b) 焊接立角钢，角钢尺寸为800×5

(c) 完成吊笼龙骨，焊接方钢

(d) 焊接钢板，钢板尺寸为800×1000×3或1500×1000×3，满焊

(e) 焊接吊耳，吊耳尺寸为100×80×10，满焊

(f) 验收挂牌，完成

## 5.2 加气块吊笼

### 分解示意图

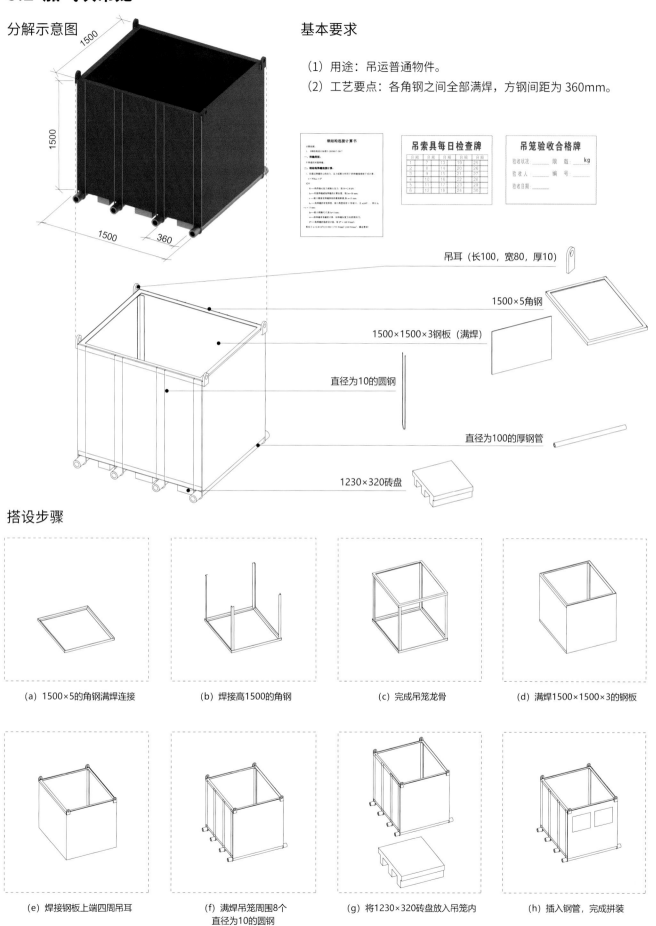

### 基本要求

（1）用途：吊运普通物件。

（2）工艺要点：各角钢之间全部满焊，方钢间距为360mm。

吊索具每日检查牌

吊笼验收合格牌

吊耳（长100，宽80，厚10）

1500×5角钢

1500×1500×3钢板（满焊）

直径为10的圆钢

直径为100的厚钢管

1230×320砖盘

### 搭设步骤

（a）1500×5的角钢满焊连接

（b）焊接高1500的角钢

（c）完成吊笼龙骨

（d）满焊1500×1500×3的钢板

（e）焊接钢板上端四周吊耳

（f）满焊吊笼周围8个
直径为10的圆钢

（g）将1230×320砖盘放入吊笼内

（h）插入钢管，完成拼装

# 5.3 气瓶推车

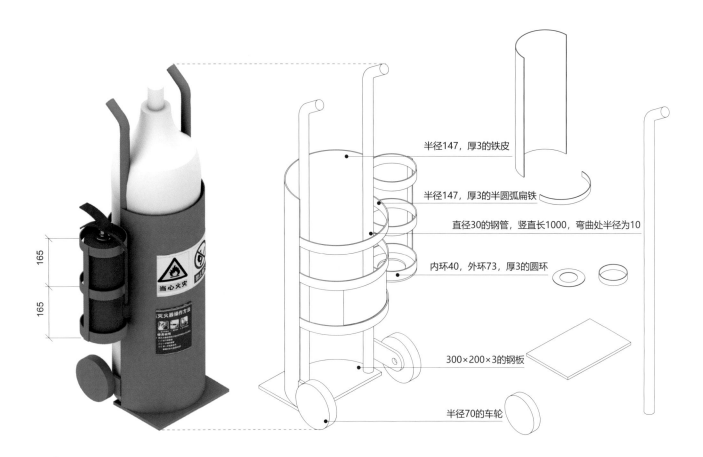

半径147，厚3的铁皮

半径147，厚3的半圆弧扁铁

直径30的钢管，竖直长1000，弯曲处半径为10

内环40，外环73，厚3的圆环

300×200×3的钢板

半径70的车轮

分解示意图

搭设步骤

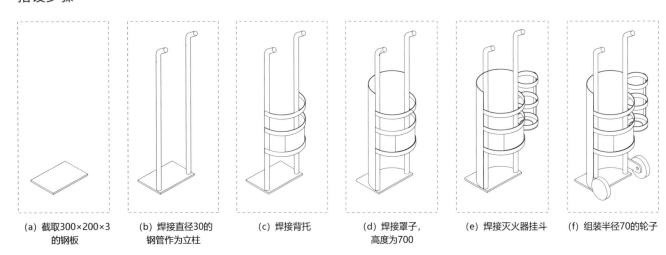

(a) 截取300×200×3
    的钢板

(b) 焊接直径30的
    钢管作为立柱

(c) 焊接背托

(d) 焊接罩子，
    高度为700

(e) 焊接灭火器挂斗

(f) 组装半径70的轮子

# 5.4 切割机防护罩

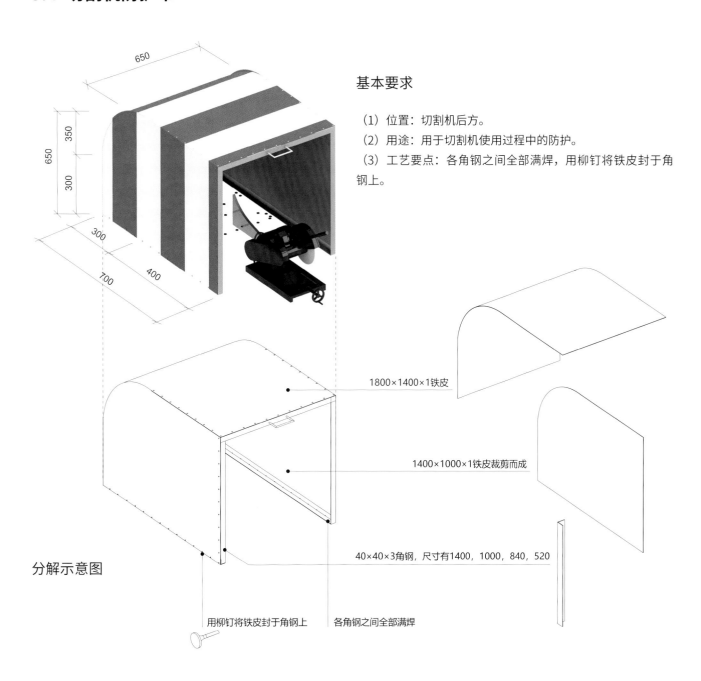

基本要求

（1）位置：切割机后方。

（2）用途：用于切割机使用过程中的防护。

（3）工艺要点：各角钢之间全部满焊，用柳钉将铁皮封于角钢上。

650
650
350
300
300
400
700

1800×1400×1铁皮

1400×1000×1铁皮裁剪而成

40×40×3角钢，尺寸有1400，1000，840，520

分解示意图

用柳钉将铁皮封于角钢上　　各角钢之间全部满焊

搭设步骤

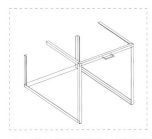

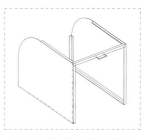

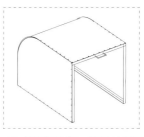

（a）5厚角钢焊接　　　　（b）采用1.5厚角钢焊接防护罩框架　　　（c）使用铆钉将铁皮封于角钢上　　　（d）使用铁皮封闭，斜刷红白相间油漆，油漆带宽300

# 5.5 镝灯架

**立面示意图**

**分解示意图**

## 基本要求

（1）位置：常放置于基坑边或环路。

（2）用途：主要用于基坑和道路照明，保护施工人员安全。

## 搭设步骤

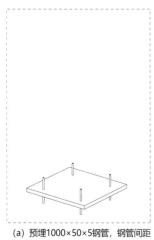

（a）预埋1000×50×5钢管，钢管间距为1300，保护施工人员安全

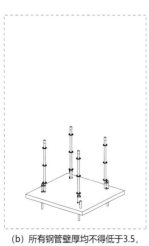

（b）所有钢管壁厚均不得低于3.5，采用1500立杆，立杆与预埋钢管用扣件连接

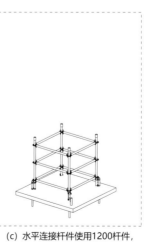

（c）水平连接杆件使用1200杆件，这一步不设置斜撑

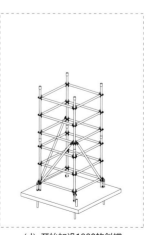

（d）开始加设1800的斜撑

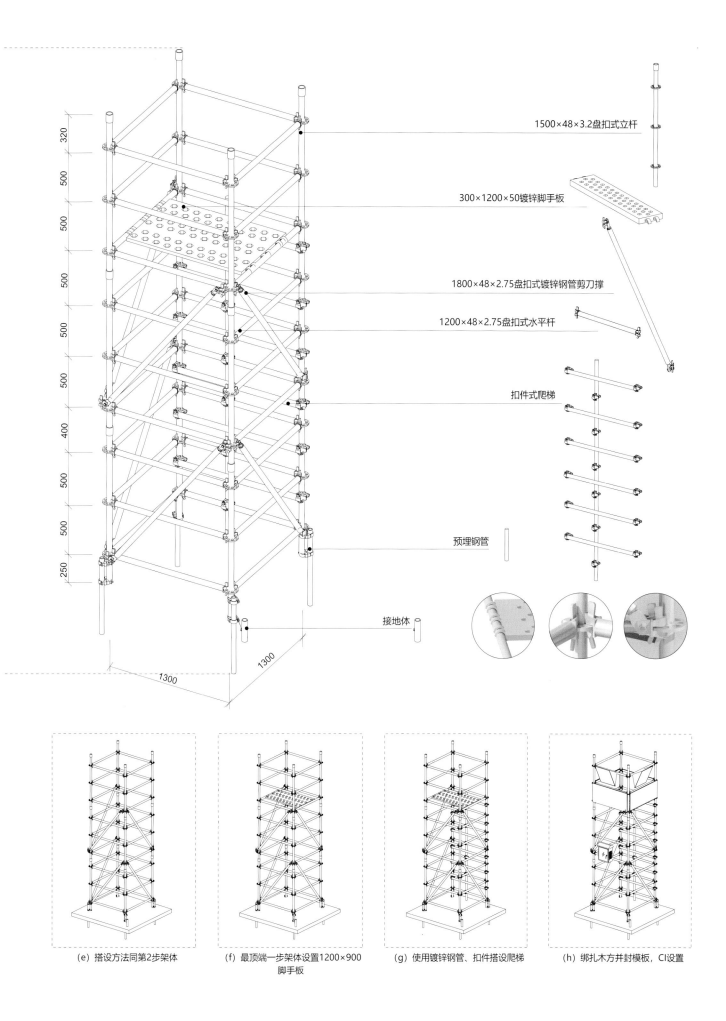

1500×48×3.2盘扣式立杆

300×1200×50镀锌脚手板

1800×48×2.75盘扣式镀锌钢管剪刀撑

1200×48×2.75盘扣式水平杆

扣件式爬梯

预埋钢管

接地体

(e) 搭设方法同第2步架体

(f) 最顶端一步架体设置1200×900
脚手板

(g) 使用镀锌钢管、扣件搭设爬梯

(h) 绑扎木方并封模板，CI设置

# 6

# 安全通道
# SAFETY PASSAGE

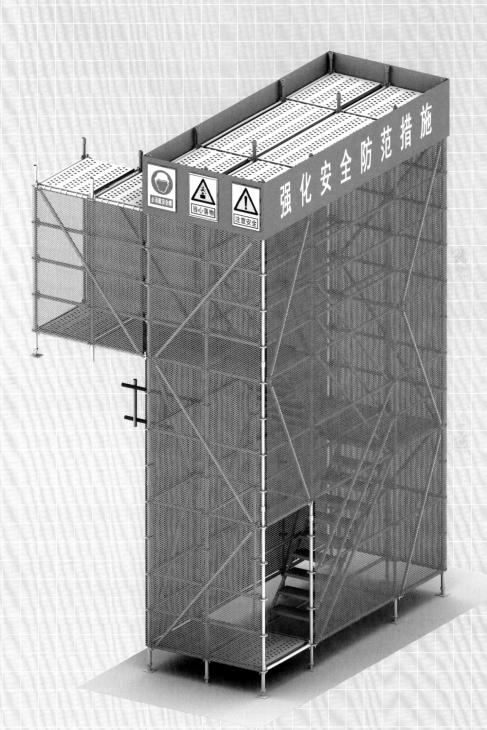
强化安全防范措施

# 6.1 首层安全通道

## 1. 单立杆式

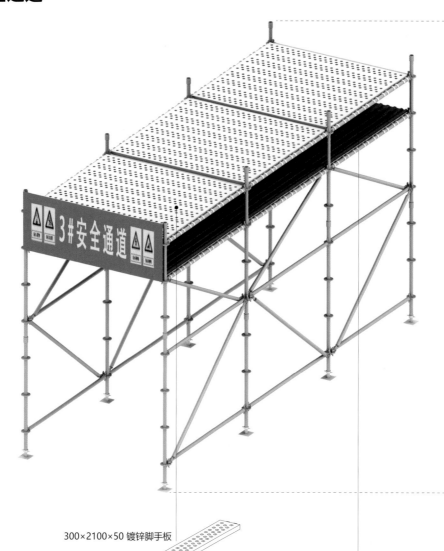

分解示意图

300×2100×50 镀锌脚手板

彩钢板

## 搭设步骤

（a）浇筑100厚C15混凝土垫层

（b）放置可调底座

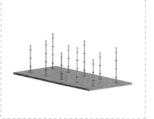

（c）架立盘扣式镀锌钢管立杆，避免相邻立杆对接接头处于同一平面

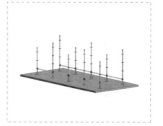

（d）承插2100长盘扣式镀锌钢管纵杆

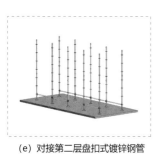

（e）对接第二层盘扣式镀锌钢管立杆

（f）承插第二层盘扣式镀锌钢管纵杆

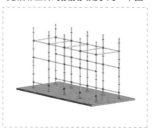

（g）承插第三层盘扣式镀锌钢管纵杆、横杆

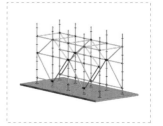

（h）承插盘扣式镀锌钢管剪刀撑

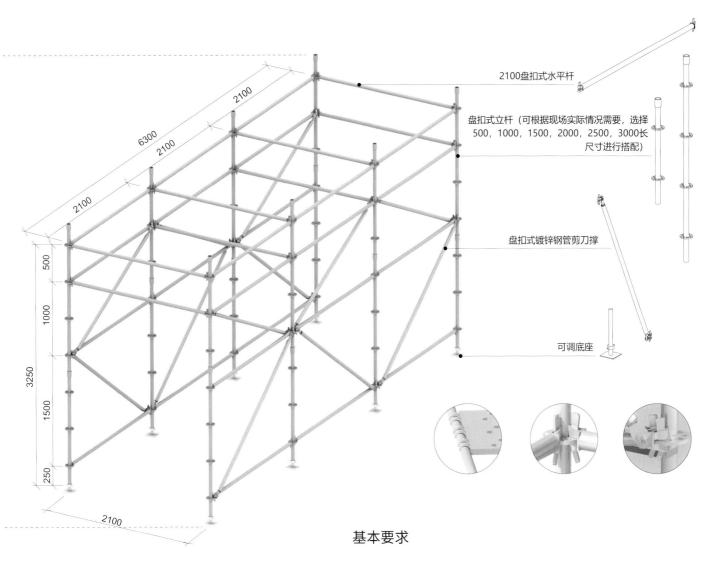

2100盘扣式水平杆

盘扣式立杆（可根据现场实际情况需要，选择500，1000，1500，2000，2500，3000长尺寸进行搭配）

盘扣式镀锌钢管剪刀撑

可调底座

## 基本要求

（1）位置：常放置于楼栋首层进出口。
（2）用途：主要用于防止行人进出楼栋时被砸伤，保护行人安全。

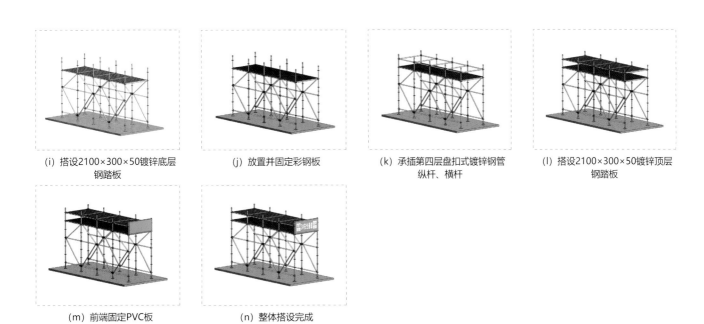

（i）搭设2100×300×50镀锌底层钢踏板

（j）放置并固定彩钢板

（k）承插第四层盘扣式镀锌钢管纵杆、横杆

（l）搭设2100×300×50镀锌顶层钢踏板

（m）前端固定PVC板

（n）整体搭设完成

# 2. 双立杆式

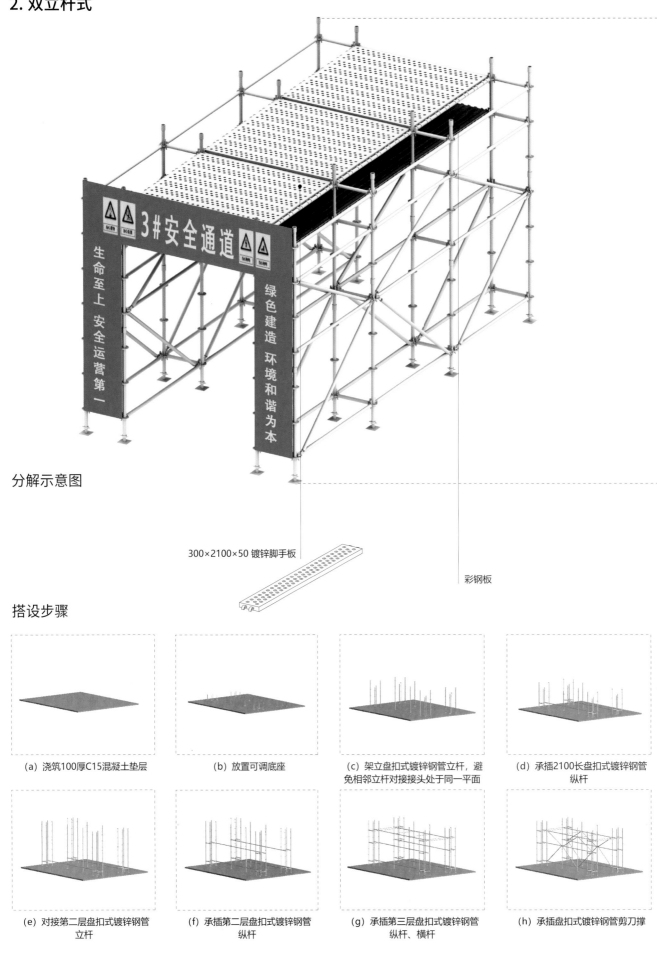

分解示意图

300×2100×50 镀锌脚手板

彩钢板

搭设步骤

(a) 浇筑100厚C15混凝土垫层

(b) 放置可调底座

(c) 架立盘扣式镀锌钢管立杆，避免相邻立杆对接接头处于同一平面

(d) 承插2100长盘扣式镀锌钢管纵杆

(e) 对接第二层盘扣式镀锌钢管立杆

(f) 承插第二层盘扣式镀锌钢管纵杆

(g) 承插第三层盘扣式镀锌钢管纵杆、横杆

(h) 承插盘扣式镀锌钢管剪刀撑

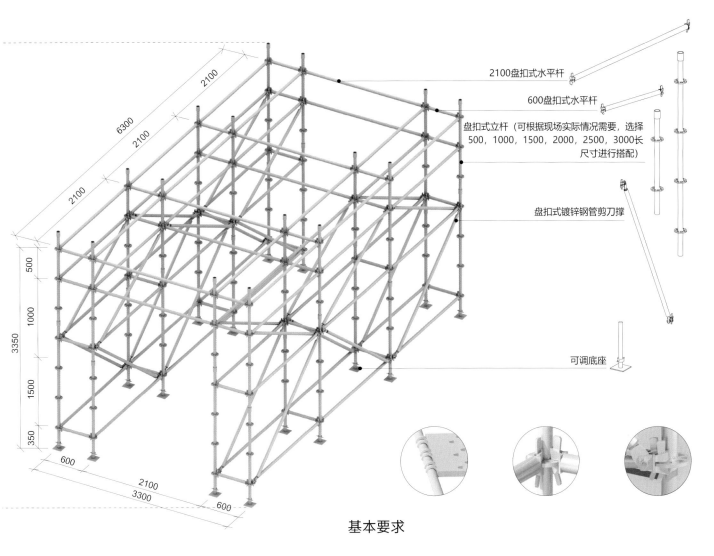

2100盘扣式水平杆

600盘扣式水平杆

盘扣式立杆（可根据现场实际情况需要，选择500，1000，1500，2000，2500，3000长尺寸进行搭配）

盘扣式镀锌钢管剪刀撑

可调底座

## 基本要求

（1）位置：常放置于楼栋首层进出口。

（2）用途：主要用于防止行人进出楼栋时被砸伤，保护行人安全。

（3）拆除要求：拆除过程中应拉设警戒线，旁站人员监督到位，高处作业系挂安全带。

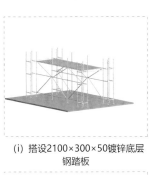

（i）搭设2100×300×50镀锌底层钢踏板

（j）放置并固定彩钢板

（k）承插第四层盘扣式镀锌钢管纵杆、横杆

（l）搭设2100×300×50镀锌顶层钢踏板

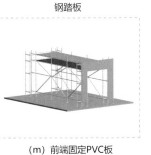

（m）前端固定PVC板

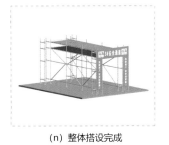

（n）整体搭设完成

# 6.2 人行防护通道

分解示意图

300×2100×50 镀锌脚手板

彩钢板

搭设步骤

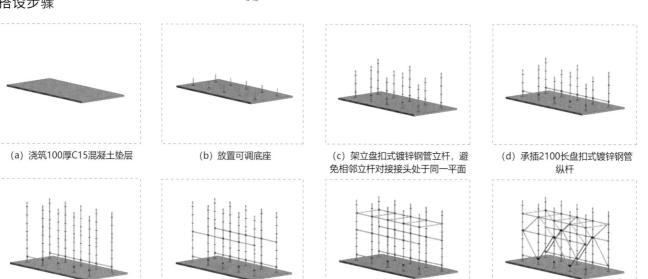

(a) 浇筑100厚C15混凝土垫层

(b) 放置可调底座

(c) 架立扣式盘扣式镀锌钢管立杆，避免相邻立杆对接接头处于同一平面

(d) 承插2100长盘扣式镀锌钢管纵杆

(e) 对接第二层盘扣式镀锌钢管立杆

(f) 承插第二层盘扣式镀锌钢管纵杆

(g) 承插第三层盘扣式镀锌钢管纵杆、横杆

(h) 承插盘扣式镀锌钢管剪刀撑

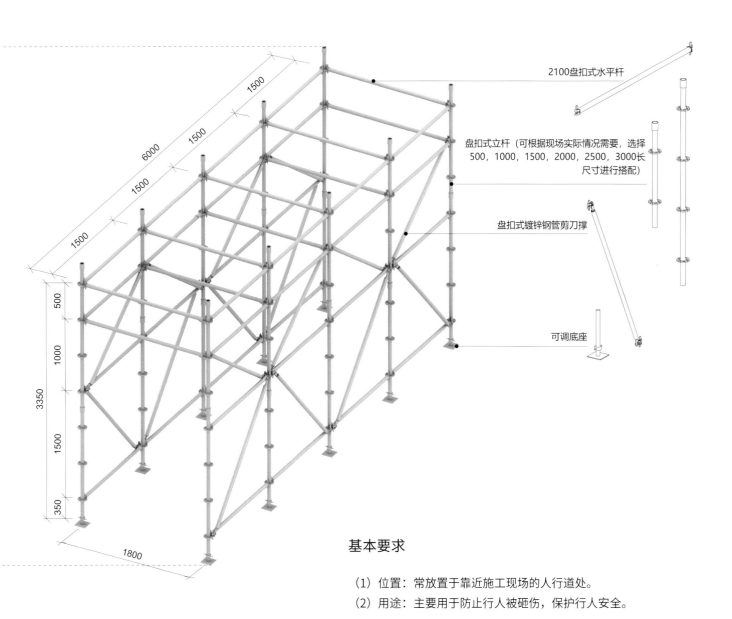

2100盘扣式水平杆

盘扣式立杆（可根据现场实际情况需要，选择
500，1000，1500，2000，2500，3000长
尺寸进行搭配）

盘扣式镀锌钢管剪刀撑

可调底座

1500
1500
6000
1500
1500
1500

3350
500
1000
1500
350

1800

## 基本要求

（1）位置：常放置于靠近施工现场的人行道处。

（2）用途：主要用于防止行人被砸伤，保护行人安全。

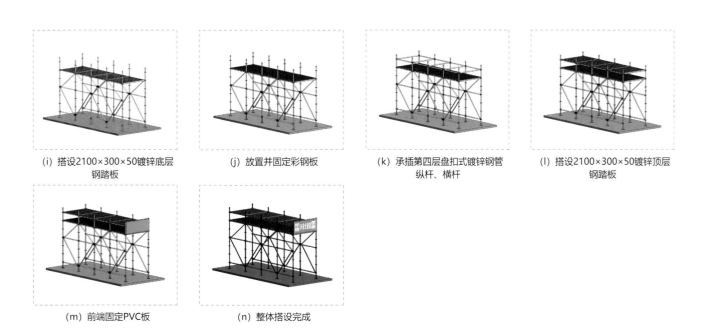

（i）搭设2100×300×50镀锌底层
钢踏板

（j）放置并固定彩钢板

（k）承插第四层盘扣式镀锌钢管
纵杆、横杆

（l）搭设2100×300×50镀锌顶层
钢踏板

（m）前端固定PVC板

（n）整体搭设完成

## 6.3 基坑上下安全通道

**基本要求**

（1）位置：常放置于深基坑。

（2）用途：主要用于施工人员上下基坑，保护行人安全。

**安全警示标识**

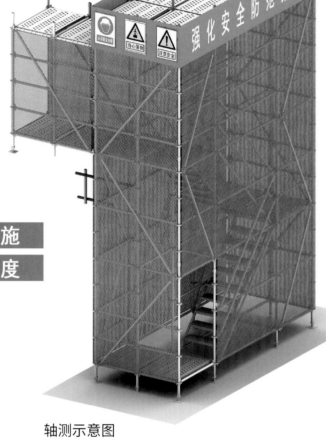

轴测示意图

**搭设步骤**

（a）浇筑100厚C15混凝土垫层

（b）放置可调底座

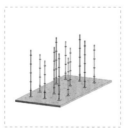

（c）架立盘扣式镀锌钢管立杆，避免相邻立杆对接接头处于同一平面

（d）承插盘扣式镀锌钢管纵杆、横杆

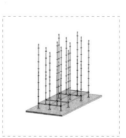

（e）对接第二层盘扣式镀锌钢管立杆

（f）承插第二层盘扣式镀锌钢管纵杆

（g）搭设定型化挂梯

（h）搭设1200×300×50镀锌钢踏板

（i）搭设楼梯扶手

（j）对接第三层盘扣式镀锌钢管立杆

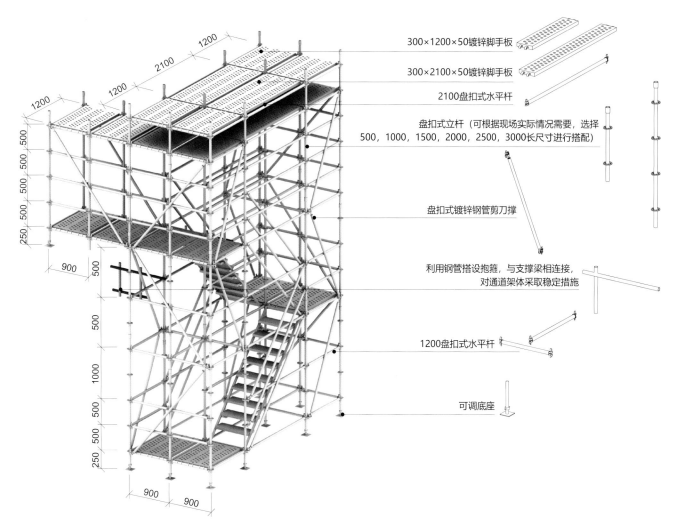

300×1200×50镀锌脚手板

300×2100×50镀锌脚手板

2100盘扣式水平杆

盘扣式立杆（可根据现场实际情况需要，选择 500，1000，1500，2000，2500，3000长尺寸进行搭配）

盘扣式镀锌钢管剪刀撑

利用钢管搭设抱箍，与支撑梁相连接，对通道架体采取稳定措施

1200盘扣式水平杆

可调底座

分解示意图

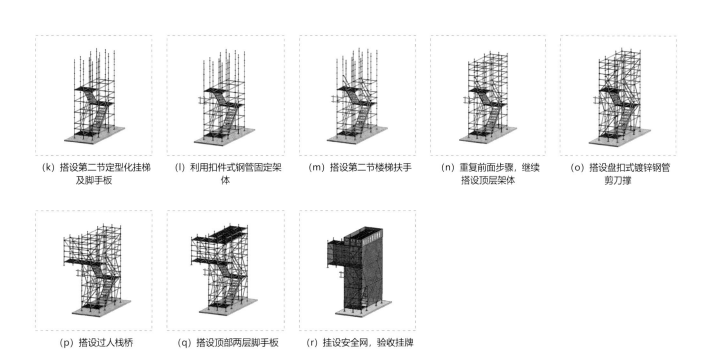

（k）搭设第二节定型化挂梯及脚手板

（l）利用扣件式钢管固定架体

（m）搭设第二节楼梯扶手

（n）重复前面步骤，继续搭设顶层架体

（o）搭设盘扣式镀锌钢管剪刀撑

（p）搭设过人栈桥

（q）搭设顶部两层脚手板

（r）挂设安全网，验收挂牌

# 7

# 起重机械
# HOISTING MACHINERY

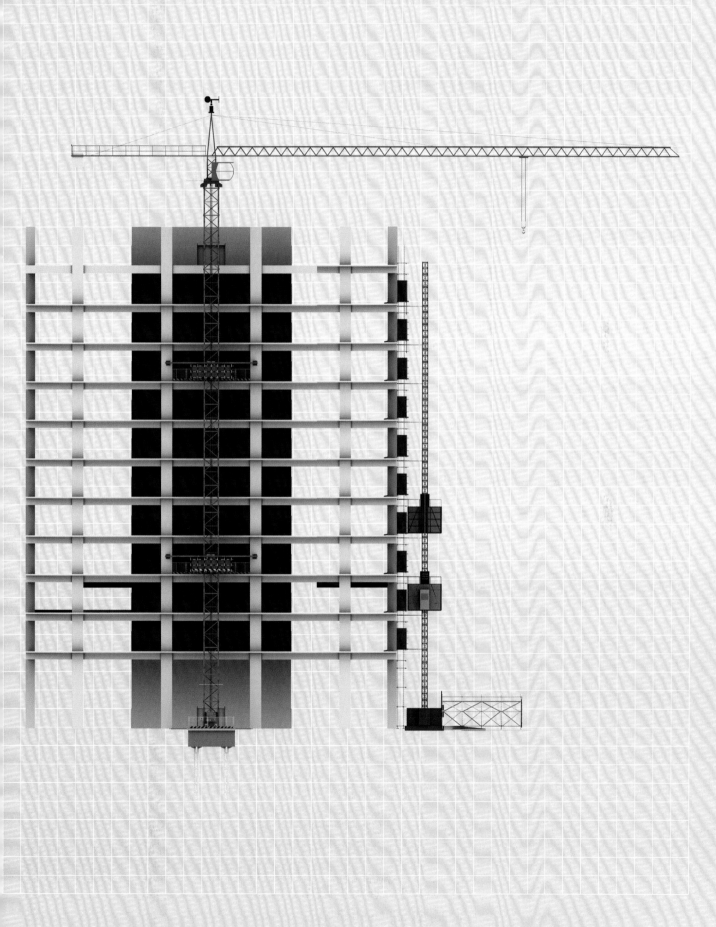

# 7.1 塔吊

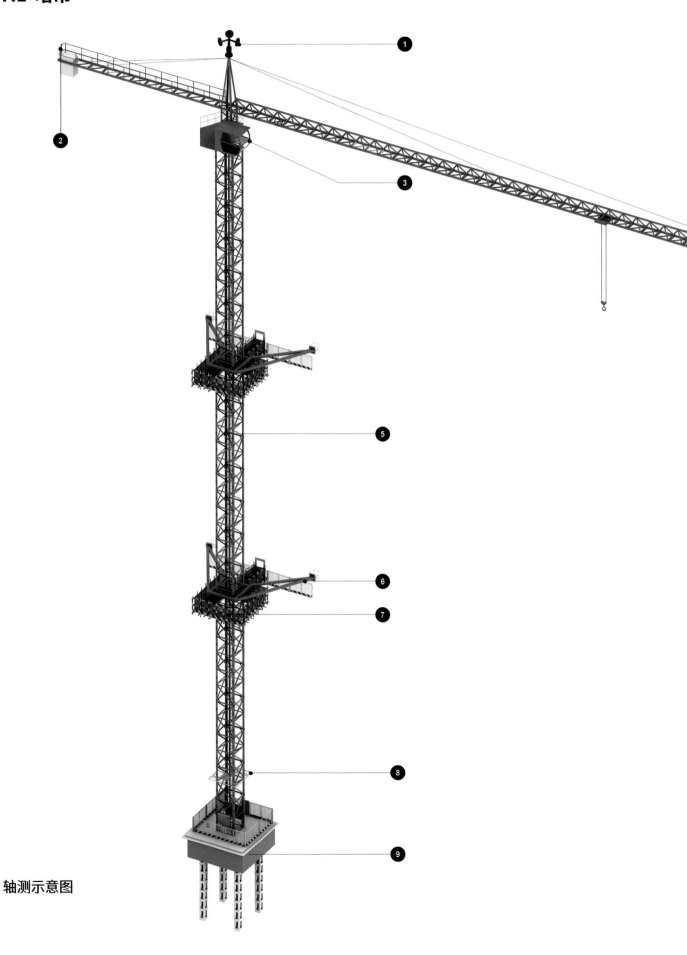

轴测示意图

**❶** 塔吊风速仪

**❷** 塔吊 LED 警示灯带

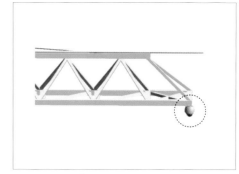

**❸** 防坠器（见 P106）

**❹** 吊钩可视化摄像头

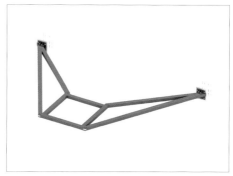

**❺** 电缆绝缘夹（见 P106）

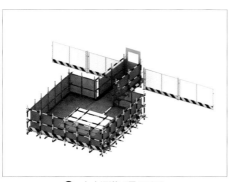

**❻** 塔吊附墙（见 P104）

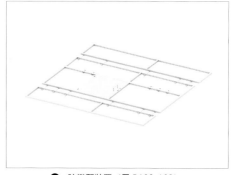

**❼** 上人通道（见 P105）

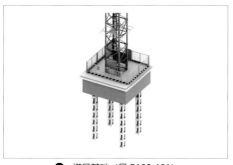

**❽** 防攀爬装置（见 P102-103）

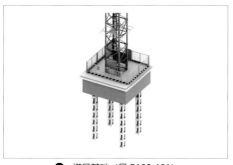

**❽** 塔吊基础（见 P100-101）

# 1. 塔吊基础

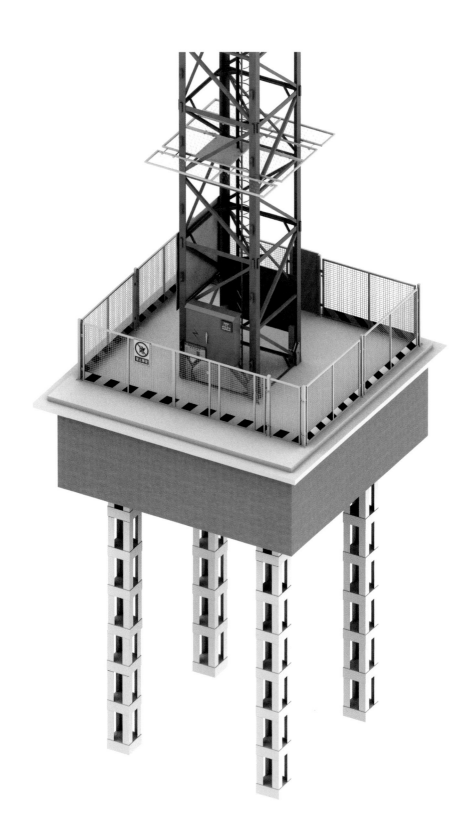

轴测示意图

## 基本要求

承载塔吊本身荷载及产生的力矩，使塔吊稳定安全运行。

## 搭设步骤

（a）格构柱

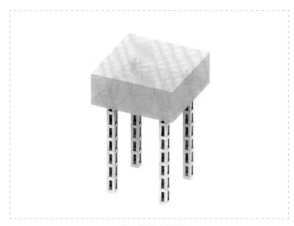

（b）混凝土垫层

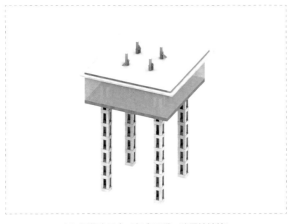

（c）混凝土承台（包含马凳、防雷接地等）

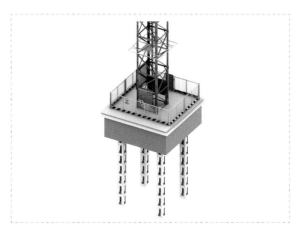

（d）搭设防护

## 防护标识示意图

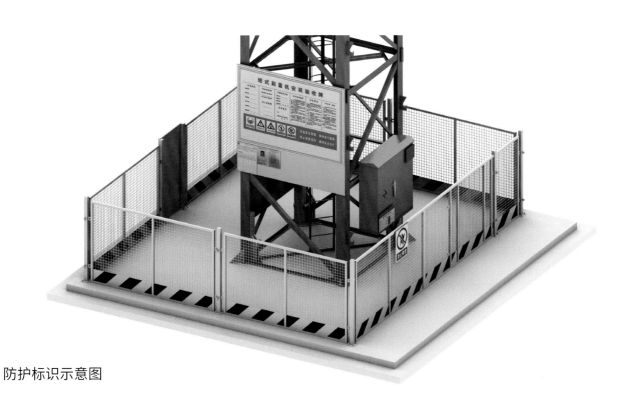

## 2. 防攀爬装置

轴测示意图

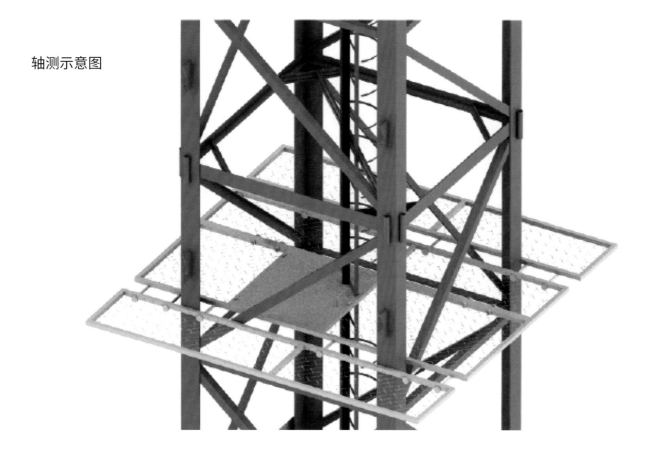

## 基本要求

（1）位置：正负零以上第三标准节。
（2）用途：用于塔吊防爬。
（3）连接方式：螺栓连接。
（4）尺寸：具体尺寸根据塔吊标准节定。

## 搭设步骤

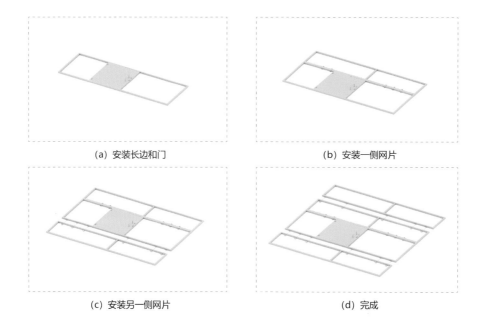

|  |  |
|---|---|
| （a）安装长边和门 | （b）安装一侧网片 |
| （c）安装另一侧网片 | （d）完成 |

分解示意图

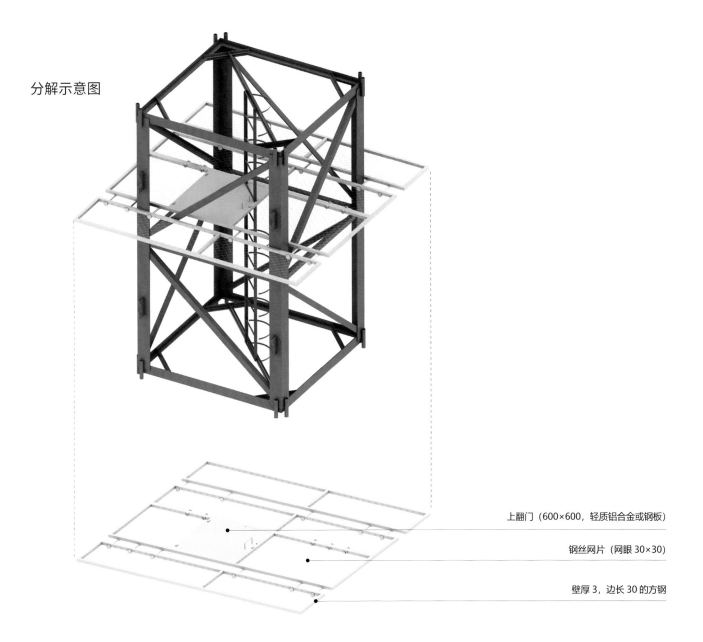

上翻门（600×600，轻质铝合金或钢板）

钢丝网片（网眼 30×30）

壁厚 3，边长 30 的方钢

细节示意图

（a）门上方安装插销

（b）门下方安装插销和锁

# 3. 塔吊附墙

## 分解示意图

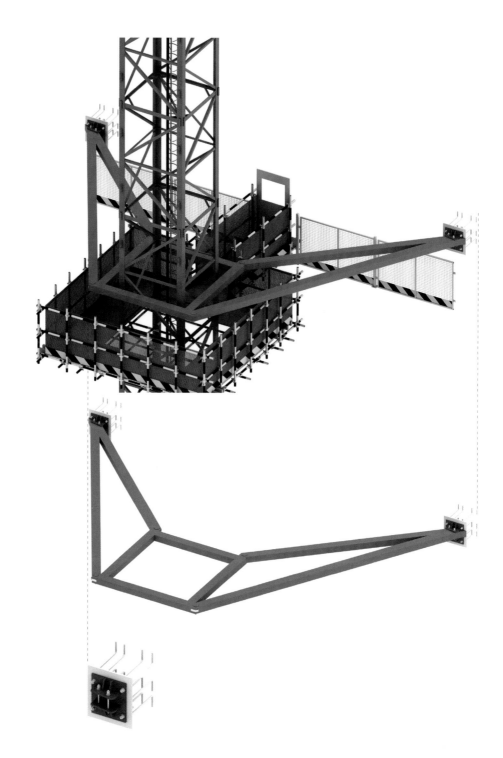

## 基本要求

固定塔吊标准节。

## 其他连墙方式

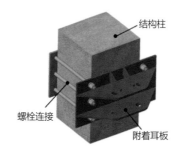

结构柱

螺栓连接

附着耳板

剪力墙

穿墙螺栓

附着耳板

## 4. 上人通道

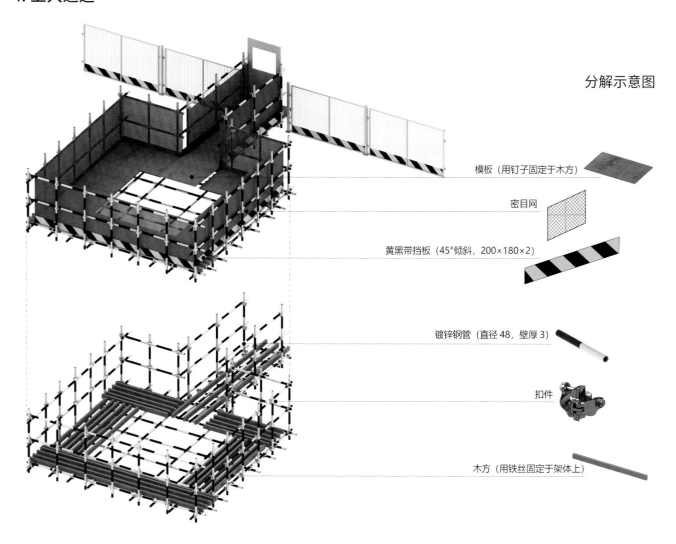

分解示意图

模板（用钉子固定于木方）

密目网

黄黑带挡板（45°倾斜，200×180×2）

镀锌钢管（直径 48，壁厚 3）

扣件

木方（用铁丝固定于架体上）

## 搭设步骤

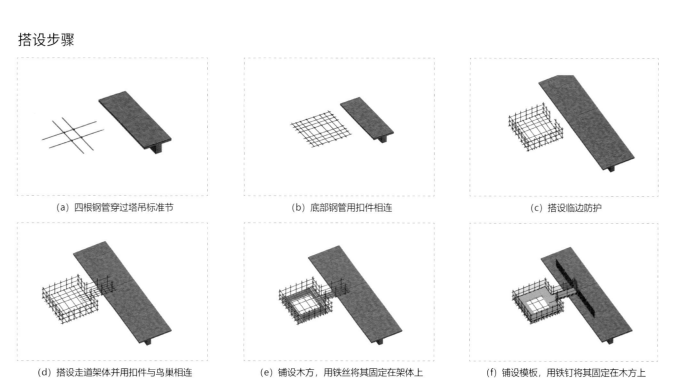

（a）四根钢管穿过塔吊标准节

（b）底部钢管用扣件相连

（c）搭设临边防护

（d）搭设走道架体并用扣件与鸟巢相连

（e）铺设木方，用铁丝将其固定在架体上

（f）铺设模板，用铁钉将其固定在木方上

## 5. 防坠器

分解示意图

塔吊防坠器（固定在爬梯顶端横梁）

防坠器挂钩固定在爬梯底部横梁

## 6. 电缆绝缘夹

分解示意图

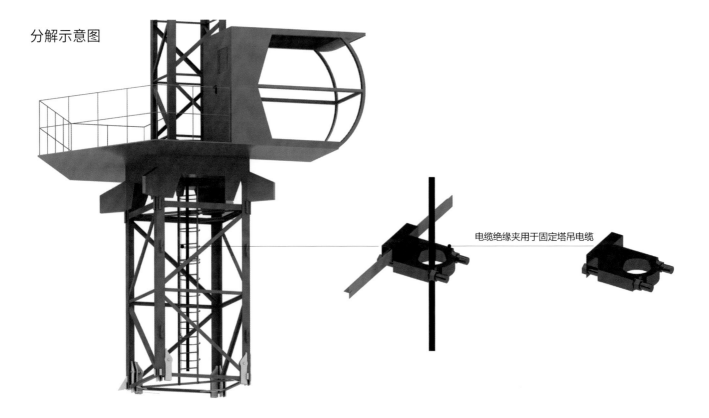

电缆绝缘夹用于固定塔吊电缆

## 7.2 施工电梯

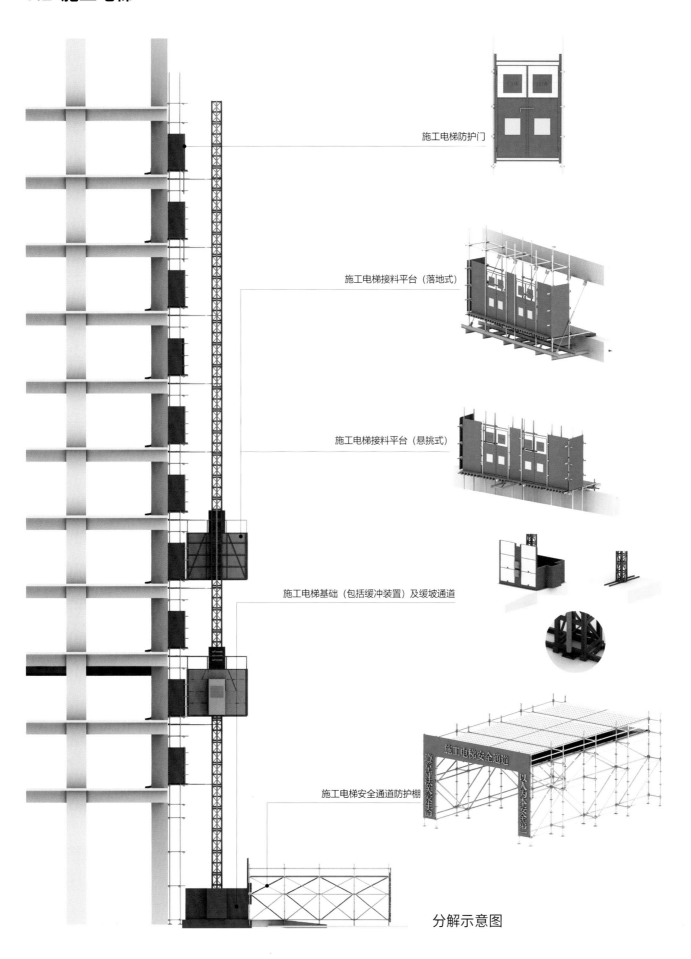

施工电梯防护门

施工电梯接料平台（落地式）

施工电梯接料平台（悬挑式）

施工电梯基础（包括缓冲装置）及缓坡通道

施工电梯安全通道防护棚

分解示意图

# 1. 施工电梯安全通道防护棚

## 分解示意图

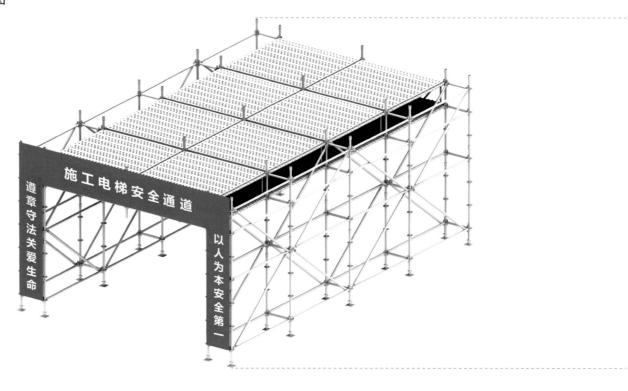

## 基本要求

(1) 位置：施工电梯首层安全通道处。

(2) 用途：保护行人安全。

## 搭设步骤

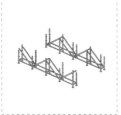

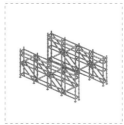

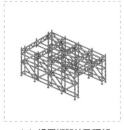

(a) 放置可调底座　　(b) 设置横杆、立杆　　(c) 设置斜拉杆　　(d) 重复 (b) 和 (c) 步骤　　(e) 设置桁架片及顶部水平杆

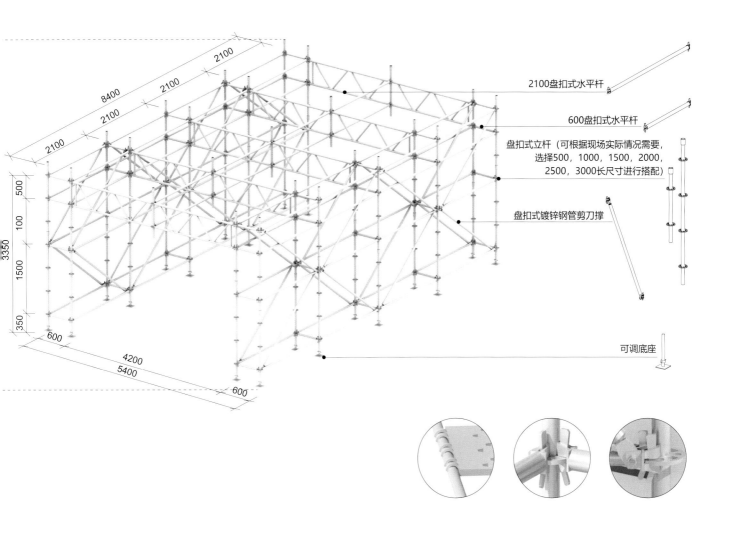

2100盘扣式水平杆

600盘扣式水平杆

盘扣式立杆（可根据现场实际情况需要，选择500，1000，1500，2000，2500，3000长尺寸进行搭配）

盘扣式镀锌钢管剪刀撑

可调底座

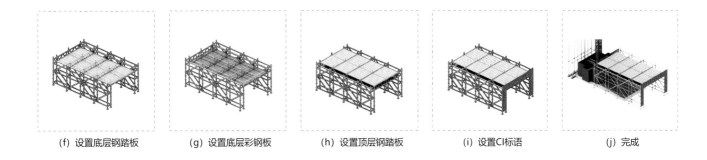

（f）设置底层钢踏板　　（g）设置底层彩钢板　　（h）设置顶层钢踏板　　（i）设置CI标语　　（j）完成

## 2. 施工电梯平台

### 1）落地式

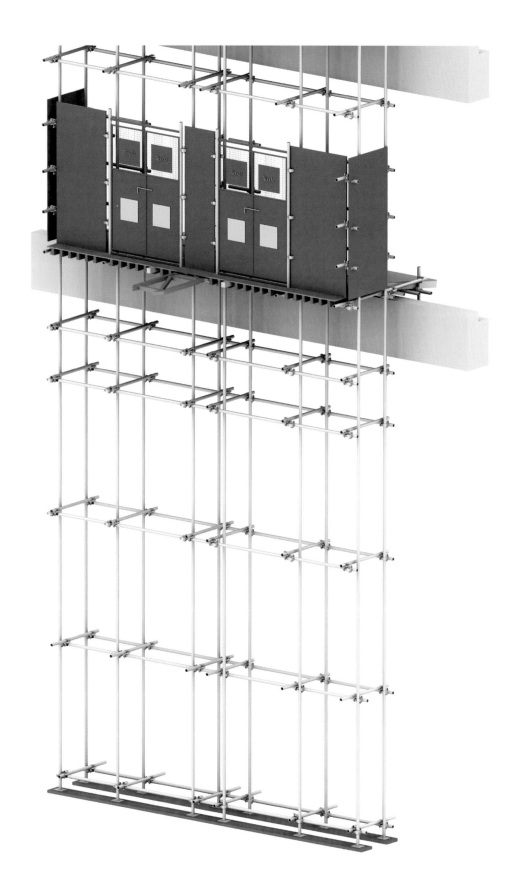

轴测示意图

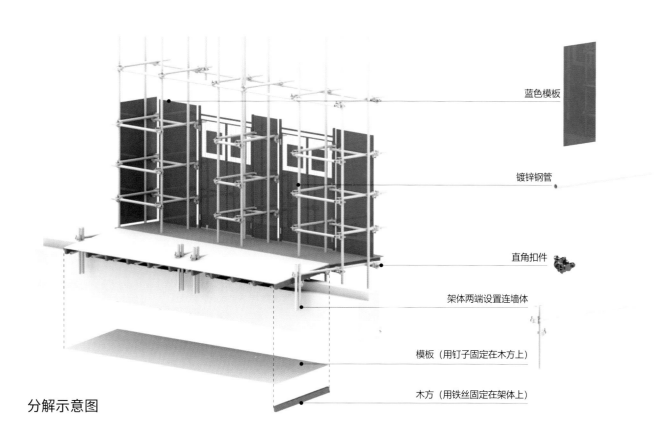

蓝色模板

镀锌钢管

直角扣件

架体两端设置连墙体

模板（用钉子固定在木方上）

木方（用铁丝固定在架体上）

分解示意图

## 搭设步骤

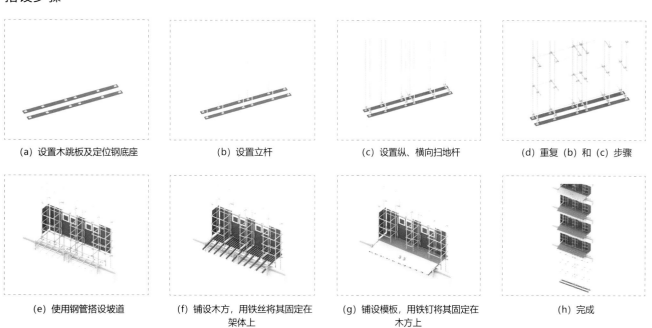

（a）设置木跳板及定位钢底座

（b）设置立杆

（c）设置纵、横向扫地杆

（d）重复（b）和（c）步骤

（e）使用钢管搭设坡道

（f）铺设木方，用铁丝将其固定在架体上

（g）铺设模板，用铁钉将其固定在木方上

（h）完成

## 2）悬挑式

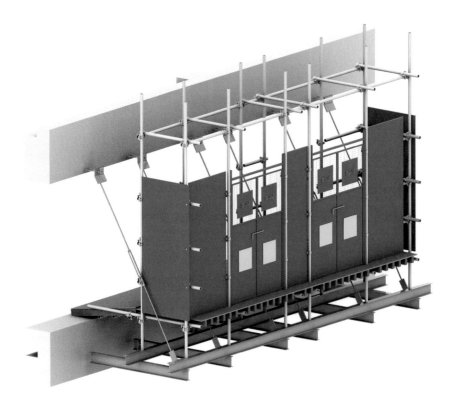

轴测示意图

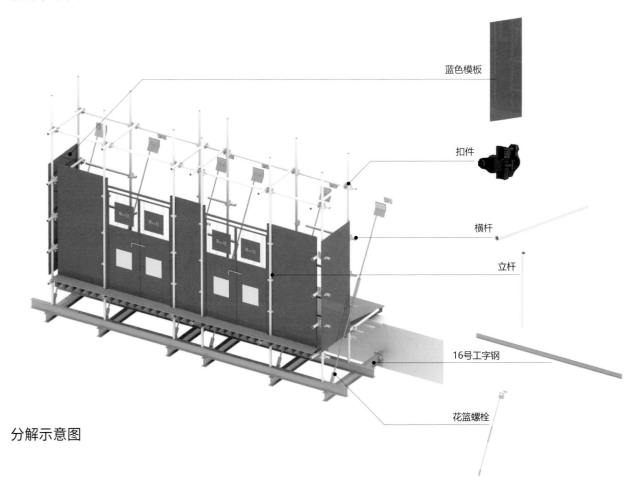

蓝色模板

扣件

横杆

立杆

16号工字钢

花篮螺栓

分解示意图

## 3. 电梯防护门

立面示意图

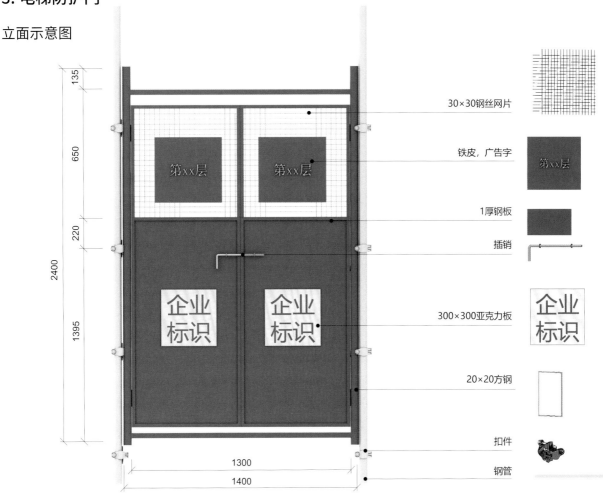

30×30钢丝网片

铁皮，广告字

1厚钢板

插销

300×300亚克力板

20×20方钢

扣件

钢管

搭设步骤

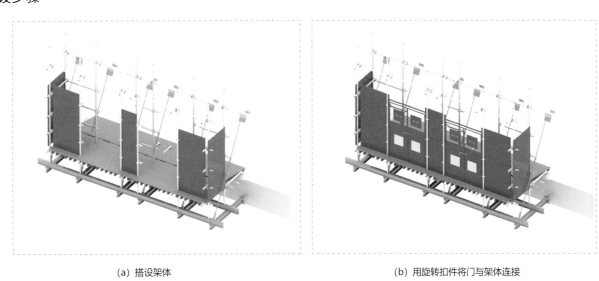

(a) 搭设架体

(b) 用旋转扣件将门与架体连接

基本要求

（1）位置：施工电梯。

（2）用途：安全防护。

（3）颜色：应符合 CI 要求。

（4）注意：门框与钢管使用旋转扣件连接。

# 8

# 脚手架
## SCAFFOLD

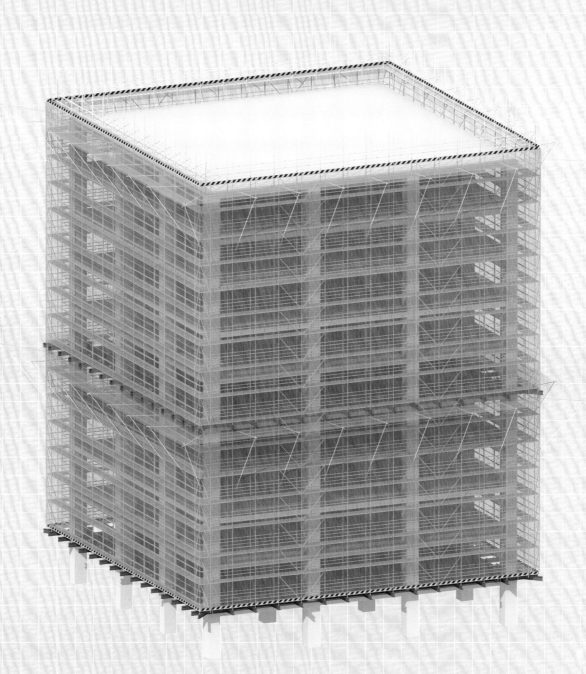

# 8.1 悬挑式盘扣脚手架

## 轴测示意图

## 基本要求

（1）悬挑式盘扣脚手架应严格按照步骤搭设、拆除；立杆搭设接头应错开 500mm，在架体未形成有效拉结情况下，应对下部基础进行临时支撑加固，确保结构安全。

（2）搭设及使用过程中应时刻注意脚手架的连墙件设置、架体垂直度，脚手架与结构之间空挡应严密设置。

（3）外架验收合格牌应放置于架体人员通道密集处；悬挑层应设置脚手架硬隔离，并每 2 层设置一道软隔离防止坠落，安全平网每次悬挑均须设置 1 道。

## 分解示意图

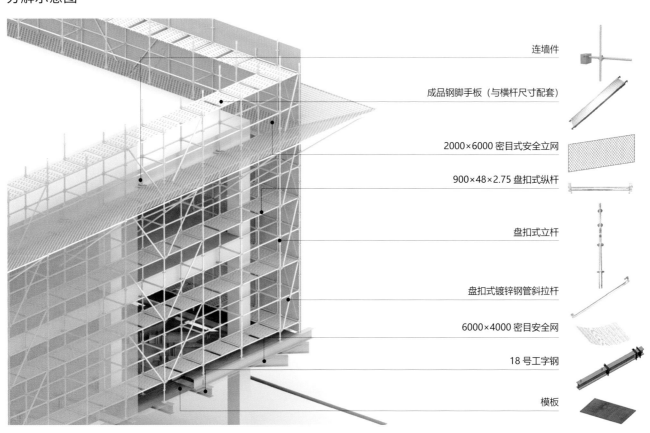

连墙件

成品钢脚手板（与横杆尺寸配套）

2000×6000 密目式安全立网

900×48×2.75 盘扣式纵杆

盘扣式立杆

盘扣式镀锌钢管斜拉杆

6000×4000 密目安全网

18 号工字钢

模板

## 搭设步骤

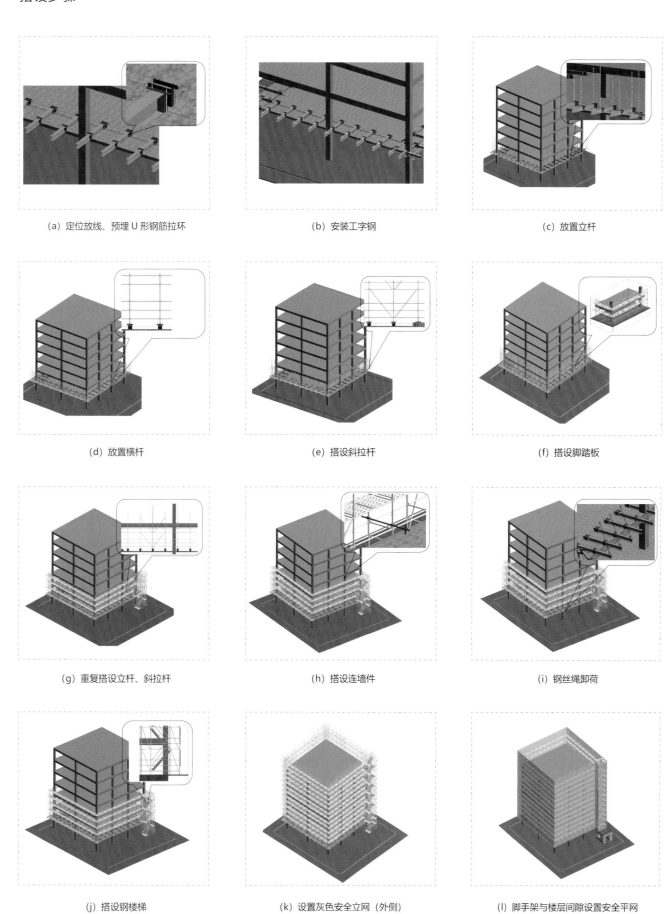

(a) 定位放线、预埋 U 形钢筋拉环

(b) 安装工字钢

(c) 放置立杆

(d) 放置横杆

(e) 搭设斜拉杆

(f) 搭设脚踏板

(g) 重复搭设立杆、斜拉杆

(h) 搭设连墙件

(i) 钢丝绳卸荷

(j) 搭设钢楼梯

(k) 设置灰色安全立网（外侧）

(l) 脚手架与楼层间隙设置安全平网

## 8.2 落地式盘扣脚手架

### 轴测示意图

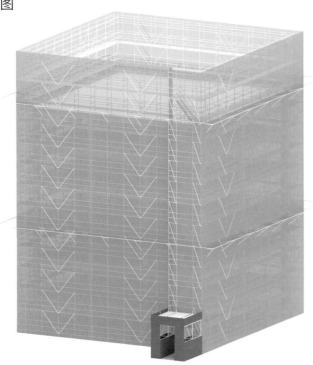

### 基本要求

（1）落地式盘扣脚手架应严格按照步骤搭设、拆除；立杆搭设接头应错开500mm，在架体未形成有效拉结情况下，应对下部基础进行临时支撑加固，确保结构安全。

（2）搭设及使用过程中应时刻注意脚手架的连墙件设置、架体垂直度，脚手架与结构之间空挡应严密设置。

（3）外架验收合格牌应放置于架体人员通道密集处；悬挑层应设置脚手架硬隔离，并每2层设置一道软隔离防止坠落，安全平网每次悬挑均需要设置1道。

### 分解示意图

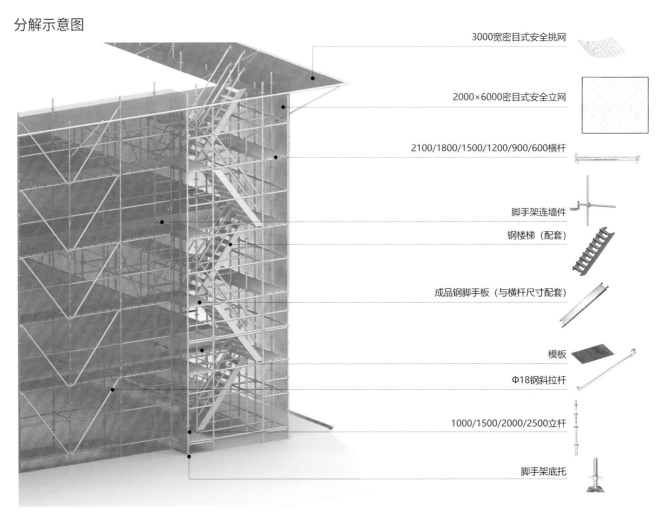

3000宽密目式安全挑网

2000×6000密目式安全立网

2100/1800/1500/1200/900/600横杆

脚手架连墙件

钢楼梯（配套）

成品钢脚手板（与横杆尺寸配套）

模板

Φ18钢斜拉杆

1000/1500/2000/2500立杆

脚手架底托

# 搭设步骤

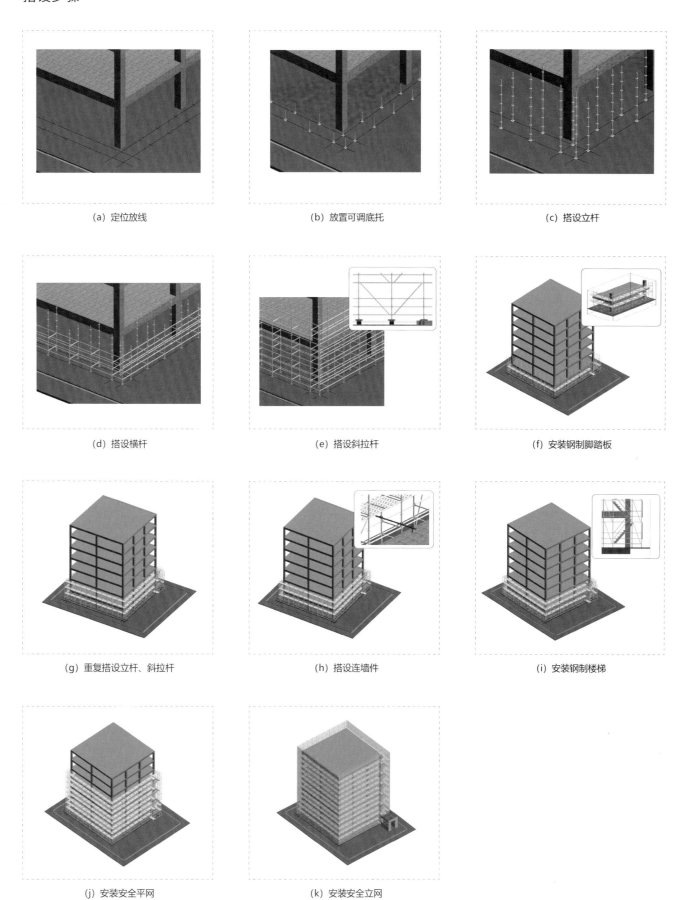

(a) 定位放线

(b) 放置可调底托

(c) 搭设立杆

(d) 搭设横杆

(e) 搭设斜拉杆

(f) 安装钢制脚踏板

(g) 重复搭设立杆、斜拉杆

(h) 搭设连墙件

(i) 安装钢制楼梯

(j) 安装安全平网

(k) 安装安全立网

# 8.3 卸料平台

## 轴测示意图

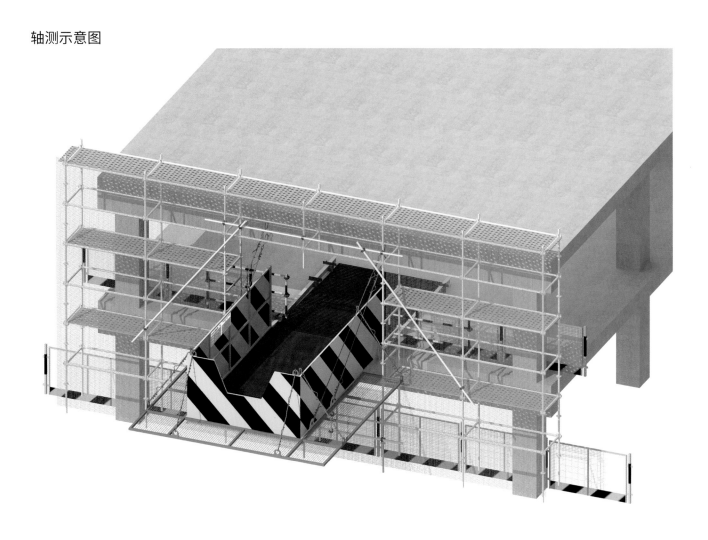

## 基本要求

（1）位置：主要位于建筑结构边缘。
（2）用途：用于施工材料周转。

## CI 设置

| 卸料平台限载标识牌（ ）吨 | | | |
|---|---|---|---|
| 6m钢管 | 根 | 模板木枋 | m³ |
| 4m钢管 | 根 | 吊斗 | kg |
| 1.5m钢管 | 根 | 扣件 | 套 |

| 悬挑式卸料平台验收合格牌 | |
|---|---|
| 限载　　吨 | |
| 验收部位： | |
| 施工班组： | |
| 验 收 人： | |
| 验收时间： | 年　月　日 |
| | 严禁超载 有挑速卸 |

## 分解示意图

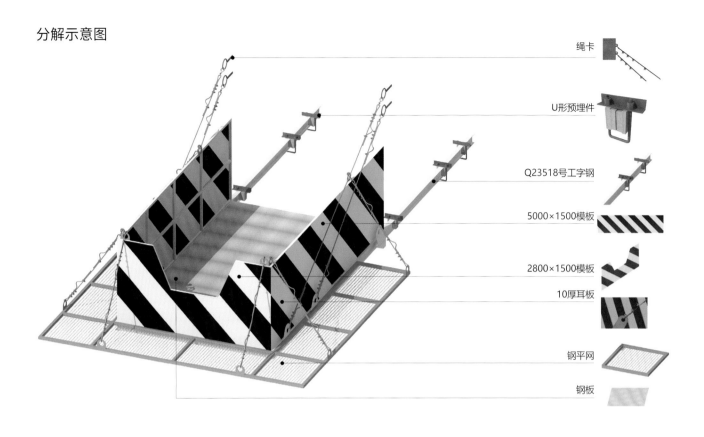

绳卡

U形预埋件

Q23518号工字钢

5000×1500模板

2800×1500模板

10厚耳板

钢平网

钢板

## 搭设步骤

（a）安装 U 形预埋件

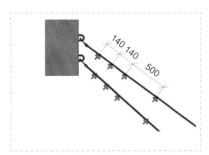

（b）安装主、副钢丝绳（钢丝绳角度为
45°~60°）

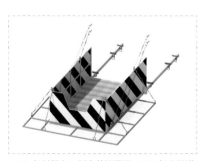

（c）卸料平台三侧安装钢平网，下口与主梁满
焊连接，上口通过钢丝绳与吊耳连接，每侧设置
两道钢丝绳

（a）楼层 U 形固定端用木楔卡紧嵌牢

（b）铺设模板，坡道位置设置防滑条，外架开
口处两端增设栏杆进行封闭

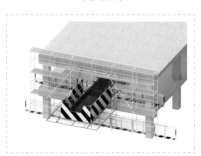

（c）安装卸料平台并搭设硬隔离

# 8.4 连墙件

分解示意图

M14×140双头螺杆

115长预埋件（内含方形螺母）

## 基本要求

（1）位置：脚手架连墙部位。
（2）用途：盘扣脚手架连墙构件。

## 细节示意图

(a) 预埋件拆解

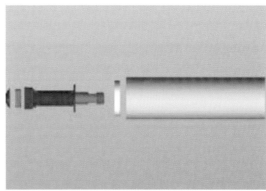

(b) 安装示意

(c) 安装效果

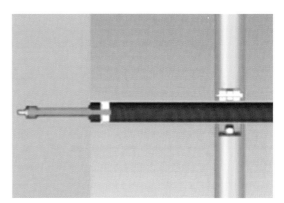

(d) 安装剖面图

## 场景示意图

(a) 在外侧模板钻一个直径为 8 的孔

(b) 模板内侧安装效果

(c) 拆模后安装螺母固定

(d) 连接后整体效果

# 9

# 防护
PROTECTION

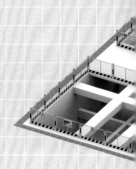

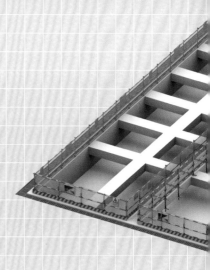

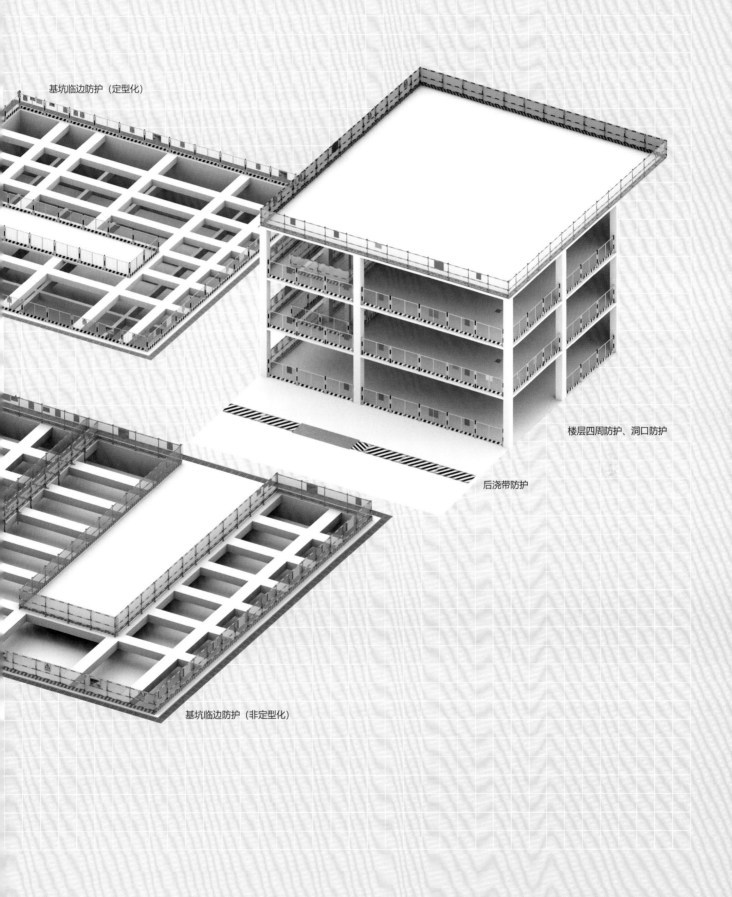

基坑临边防护（定型化）

楼层四周防护、洞口防护

后浇带防护

基坑临边防护（非定型化）

# 9.1 基坑临边防护

## 1. 定型化

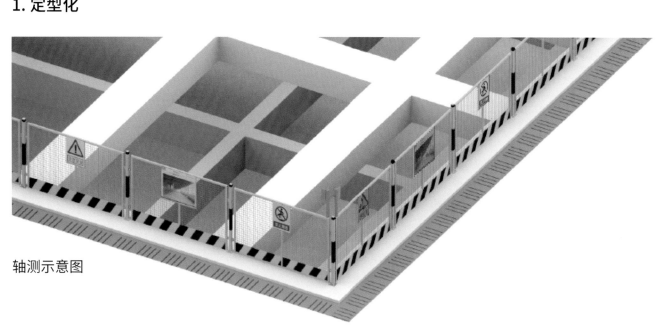

轴测示意图

### 基本要求

（1）位置：基坑边。

（2）用途：用于基坑的临边安全防护。

（3）拆除要求：防护应随栈桥拆除或随肥槽回填进度逐步拆除，拉设警戒线封闭作业区域，专职人员旁站监督；作业间歇未施工完成的位置须恢复防护。

### 标识牌

(a) 警示牌 400×500 　　(b) 事故案例牌 450×300 　　(c) 验收牌 500×400

### 搭设步骤

(a) 单片定型化网片安装，采用膨胀螺栓固定 　　(b) 连接定型化网片 　　(c) 安装转角处的定型化网片 　　(d) 悬挂安全警示标识

## 分解示意图

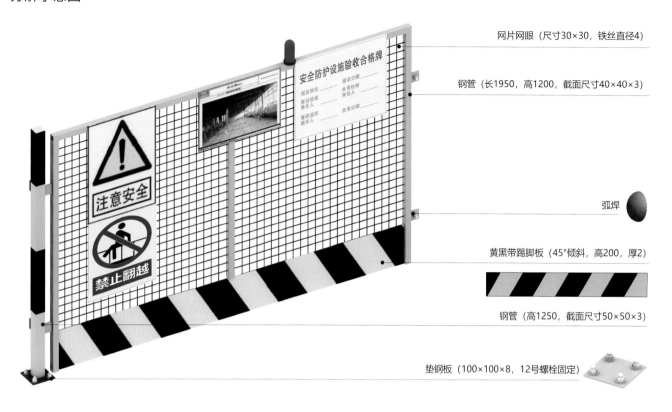

网片网眼（尺寸30×30，铁丝直径4）

钢管（长1950，高1200，截面尺寸40×40×3）

弧焊

黄黑带踢脚板（45°倾斜，高200，厚2）

钢管（高1250，截面尺寸50×50×3）

垫钢板（100×100×8，12号螺栓固定）

## 立面示意图

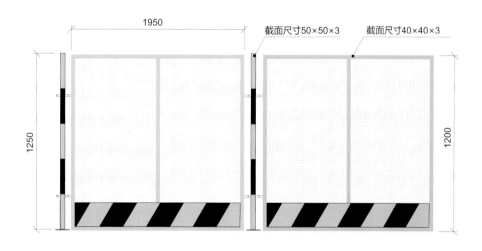

## 临时拆除要求

　　基坑临边防护临时拆除时，设置临时钢管抛撑三角防护。上部横杆距地 1200mm，直径 48mm，壁厚 3mm；中部横杆距地 600mm，直径 48mm，壁厚 3mm；下部横杆距地 200mm，直径 48mm，壁厚 3mm；立杆间距为 2000mm。钢管刷漆为黄黑色，每 400mm 间隔一道（固定方式由膨胀螺栓固定改为抛撑固定，抛撑与地面夹角为 45°~60°）。

## 2. 非定型化

### 轴测示意图

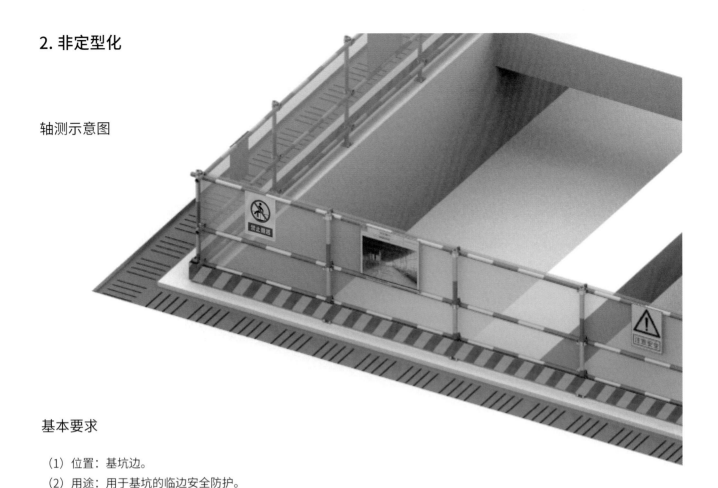

### 基本要求

（1）位置：基坑边。

（2）用途：用于基坑的临边安全防护。

（3）拆除要求：防护应随栈桥拆除或随肥槽回填进度逐步拆除，拉设警戒线封闭作业区域，专职人员旁站监督；作业间歇未施工完成的位置须恢复防护。

### 标识牌

     （a）警示牌 400×500       （b）事故案例牌 450×300       （c）验收牌 500×400

### 搭设步骤

 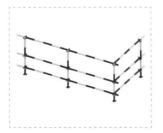  

（a）垫钢板，打膨胀螺栓，焊接钢管立柱，立柱间距 2000    （b）立杆与横杆用扣件连接，搭设 3 道横杆    （c）安装黄黑带踢脚板，四周挂密目灰网    （d）悬挂安全警示标识

分解示意图

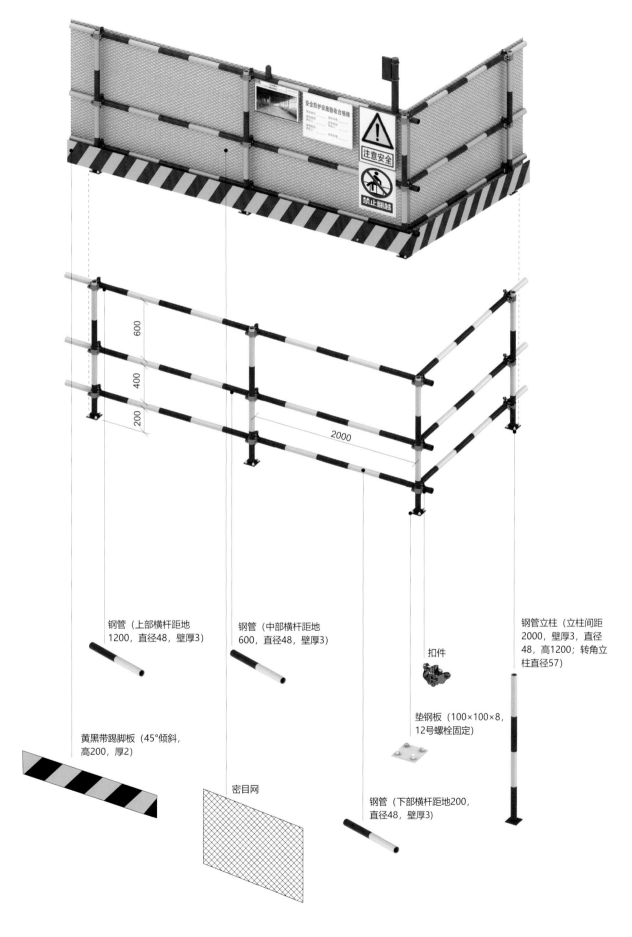

钢管（上部横杆距地1200，直径48，壁厚3）

钢管（中部横杆距地600，直径48，壁厚3）

扣件

钢管立柱（立柱间距2000，壁厚3，直径48，高1200；转角立柱直径57）

垫钢板（100×100×8，12号螺栓固定）

黄黑带踢脚板（45°倾斜，高200，厚2）

密目网

钢管（下部横杆距地200，直径48，壁厚3）

## 9.2 栈桥临边防护

### 1. 定型化

轴测示意图

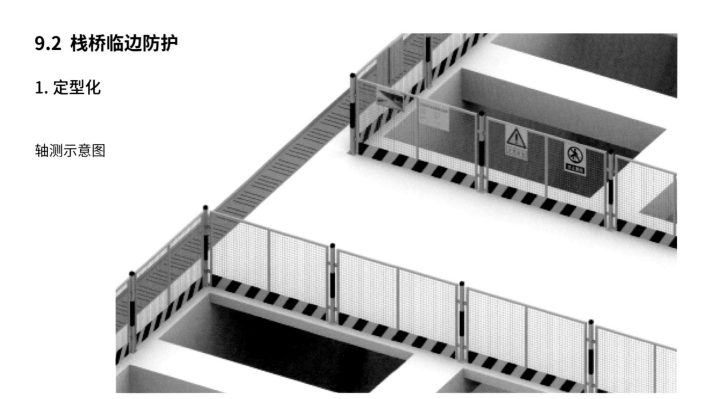

### 基本要求

（1）位置：栈桥边。
（2）用途：为处于栈桥临边的工人提供安全防护。

### 标识牌

（a）警示牌 400×500　　　　　　（b）事故案例牌 450×300　　　　　　（c）验收牌 500×400

### 搭设步骤

（a）单片定型化网片安装，采用　　（b）连接定型化网片　　　（c）安装转角处的定型化网片　　（d）悬挂安全警示标识
　　　膨胀螺栓固定

## 分解示意图

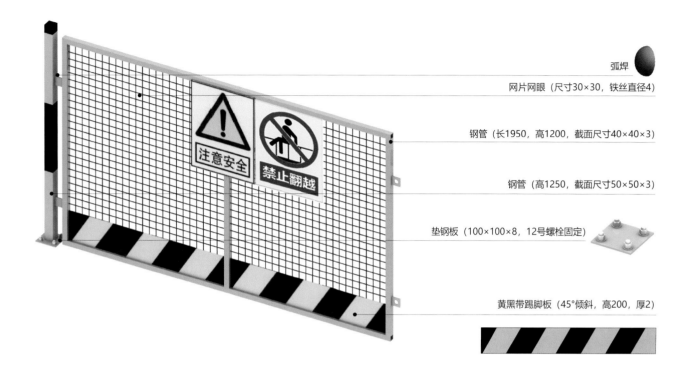

弧焊

网片网眼（尺寸30×30，铁丝直径4）

钢管（长1950，高1200，截面尺寸40×40×3）

钢管（高1250，截面尺寸50×50×3）

垫钢板（100×100×8，12号螺栓固定）

黄黑带踢脚板（45°倾斜，高200，厚2）

## 立面示意图

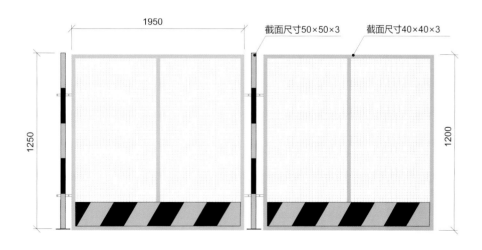

## 2. 非定型化

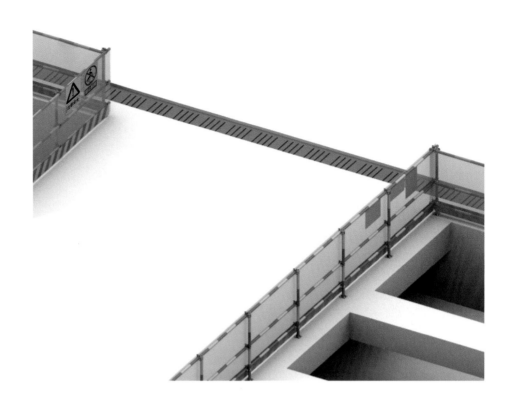

轴测示意图

## 基本要求

（1）位置：栈桥边。

（2）用途：为处于栈桥临边的工人提供安全防护。

## 标识牌

（a）警示牌 400×500

（b）事故案例牌 450×300

（c）验收牌 500×400

## 搭设步骤

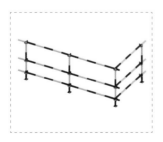

（a）垫钢板，打膨胀螺栓，焊接钢管立柱，立柱间距 2000

（b）立杆与横杆用扣件连接，搭设 3 道横杆

（c）安装黄黑带踢脚板，四周挂密目灰网

（d）悬挂安全警示标识

分解示意图

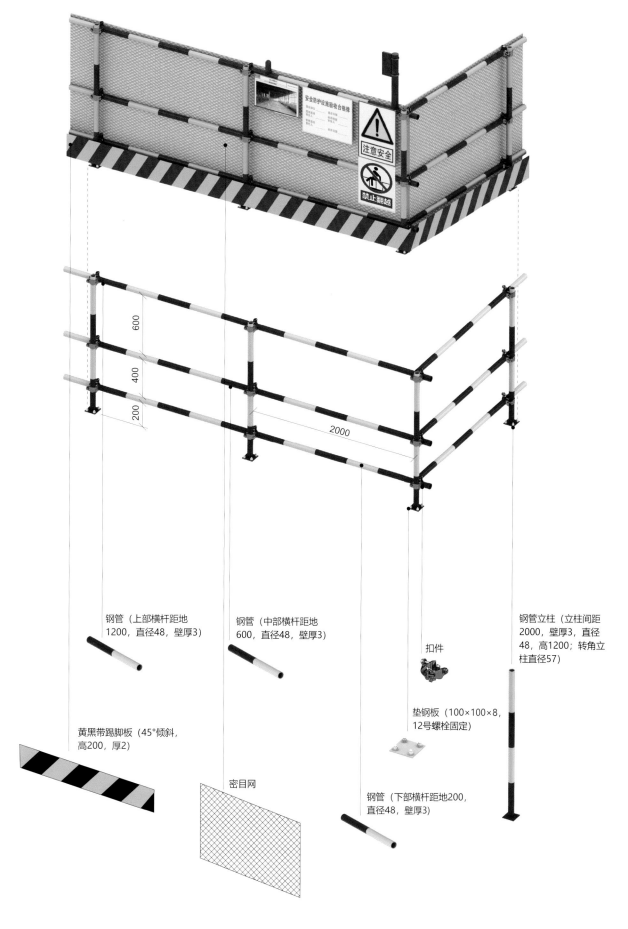

钢管（上部横杆距地
1200，直径48，壁厚3）

钢管（中部横杆距地
600，直径48，壁厚3）

扣件

钢管立柱（立柱间距
2000，壁厚3，直径
48，高1200；转角立
柱直径57）

垫钢板（100×100×8，
12号螺栓固定）

黄黑带踢脚板（45°倾斜，
高200，厚2）

密目网

钢管（下部横杆距地200，
直径48，壁厚3）

## 9.3 支撑梁临边防护

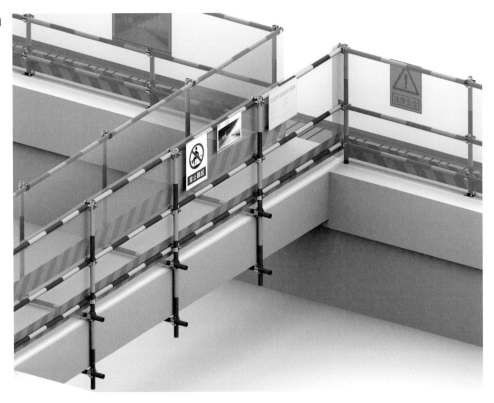

轴测示意图

## 基本要求

（1）位置：支撑梁。
（2）用途：用于支撑梁的临边安全防护。

## 标识牌

（a）警示牌 400×500 　　（b）事故案例牌 450×300 　　（c）验收牌 500×400

## 搭设步骤

（a）搭设上部小横杆　　（b）搭设立杆　　（c）搭设下部小横杆　　（d）组装完成　　（e）挂设密目网，安装
　　　　　　　　　　　　　　　　　　　　　　　　　　　　　　　　　　　　　黄黑带踢脚板

分解示意图

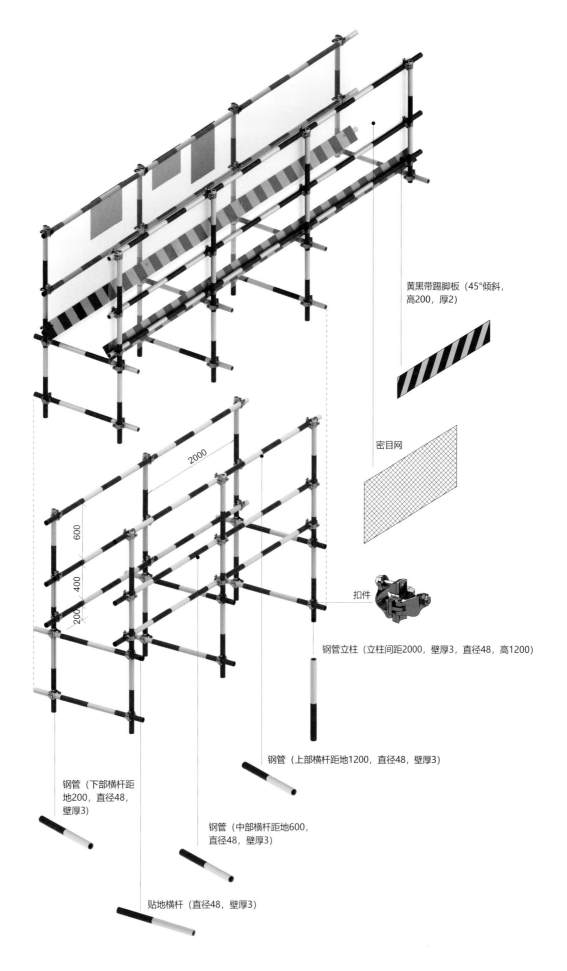

黄黑带踢脚板（45°倾斜，高200，厚2）

密目网

扣件

钢管立柱（立柱间距2000，壁厚3，直径48，高1200）

钢管（上部横杆距地1200，直径48，壁厚3）

钢管（下部横杆距地200，直径48，壁厚3）

钢管（中部横杆距地600，直径48，壁厚3）

贴地横杆（直径48，壁厚3）

2000

600

400

200

# 9.4 楼层临边防护

## 1. 定型化

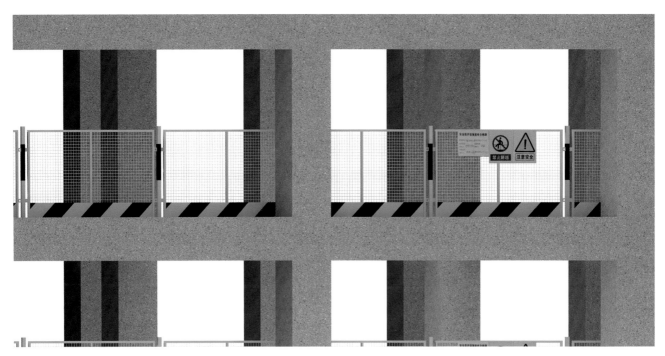

轴测示意图

### 基本要求

(1) 位置: 楼层临边。

(2) 用途: 为处于楼层临边部位的工人提供安全防护。

(3) 拆除要求: 外围护完成后, 方可拆除楼层临边防护。

### 标识牌

(a) 警示牌 400×500

(b) 事故案例牌 450×300

(c) 验收牌 500×400

### 搭设步骤

(a) 单片定型化网片安装, 采用膨胀螺栓固定

(b) 连接定型化网片

(c) 安装转角处的定型化网片

(d) 悬挂安全警示标识

## 分解示意图

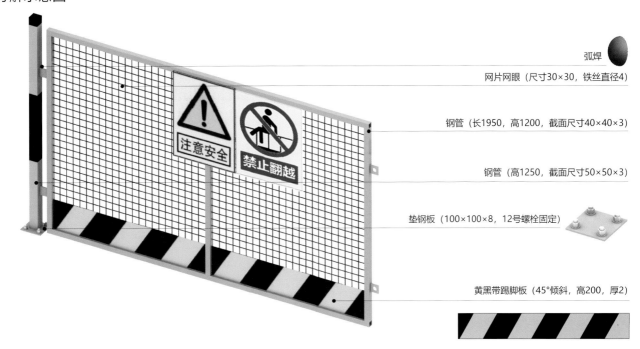

弧焊

网片网眼（尺寸30×30，铁丝直径4）

钢管（长1950，高1200，截面尺寸40×40×3）

钢管（高1250，截面尺寸50×50×3）

垫钢板（100×100×8，12号螺栓固定）

黄黑带踢脚板（45°倾斜，高200，厚2）

## 立面示意图

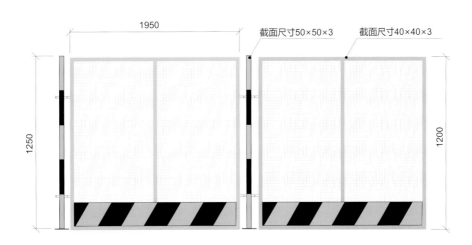

## 安全带使用示意图

（a）采用 Φ10 螺纹圆钢制作，长 300，圆环直径 40

（b）设置安全带便携挂点

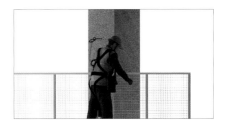

（c）作业人员正确佩戴安全带，高挂低用

## 2. 非定型化

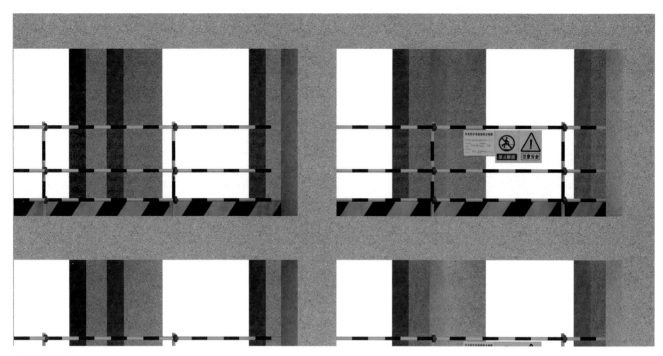

轴测示意图

### 基本要求

（1）位置：楼层临边。

（2）用途：为处于楼层临边部位的工人提供安全防护。

（3）防护要求：防护应在外架拆除或爬升前搭设完成。当采用钢管扣件式临边防护时，上部横杆距地1200mm，直径48mm，壁厚3mm；中部横杆距地600mm，直径48mm，壁厚3mm；下部横杆距地200mm，直径48mm，壁厚3mm；立杆间距为2000mm。钢管刷漆为黄黑色，每400mm间隔一道；底部采用黄黑带踢脚板，45°倾斜，高200mm，厚2mm。

（4）拆除要求：外围护完成后，方可拆除楼层临边防护。

### 标识牌

（b）事故案例牌 450×300

（a）警示牌 400×500　　　（c）验收牌 500×400

### 搭设步骤

（a）垫钢板，打膨胀螺栓，焊接钢管立柱，立柱间距2000

（b）立杆与横杆用扣件连接，搭设3道横杆

（c）安装黄黑带踢脚板，四周挂密目灰网

（d）悬挂安全警示标识

## 分解示意图

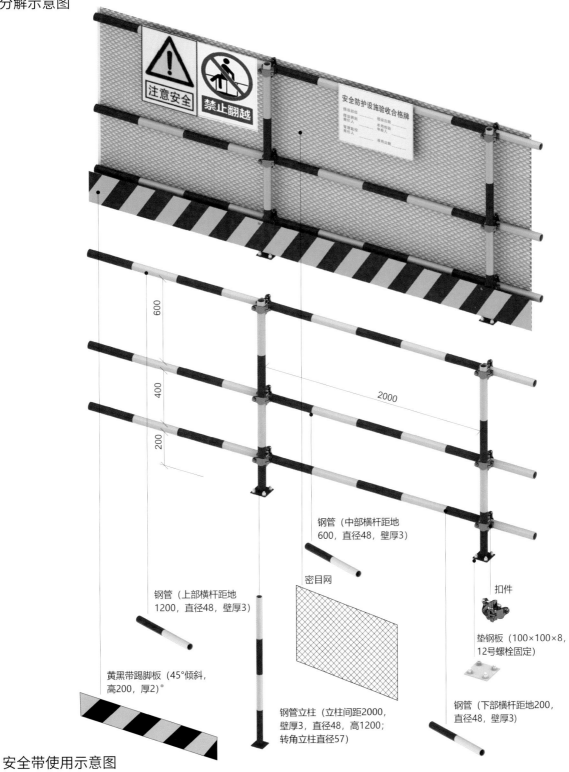

600

400

200

2000

钢管（中部横杆距地600，直径48，壁厚3）

密目网

扣件

钢管（上部横杆距地1200，直径48，壁厚3）

垫钢板（100×100×8，12号螺栓固定）

黄黑带踢脚板（45°倾斜，高200，厚2）

钢管立柱（立柱间距2000，壁厚3，直径48，高1200；转角立柱直径57）

钢管（下部横杆距地200，直径48，壁厚3）

## 安全带使用示意图

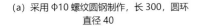

40

300

(a) 采用 Φ10 螺纹圆钢制作，长 300，圆环直径 40

(b) 设置安全带便携挂点

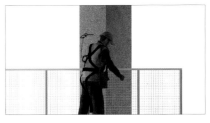

(c) 作业人员正确佩戴安全带，高挂低用

## 9.5 阳台临边防护

轴测示意图

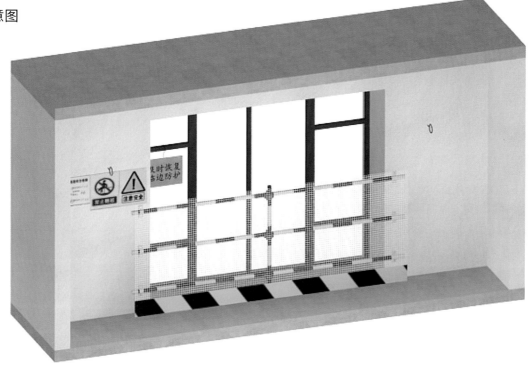

基本要求

（1）上部横杆距地 1200mm，直径 48mm，壁厚 3mm；中部横杆距地 600mm，直径 48mm，壁厚 3mm；下部横杆距地 200mm，直径 48mm，壁厚 3mm；立杆间距为 2000mm。钢管刷漆为黄黑色，每 400mm 间隔一道，并采用钢管卡扣固定。

（2）拆除要求：防护拆除随安装进度要求逐步进行，严禁一次性全部拆除；每天下班前，未安装完成的位置须恢复防护。

标识牌

（a）警示牌 400×500　　　　　　（c）验收牌 500×400

## 搭设步骤

(a) 阳台临边

(b) 阳台临边设置安全带悬挂点

(c) 钢管刷漆为黄黑色，每 400 间隔一道，并采用钢管卡扣固定

(d) 阳台临边防护完成后验收挂牌

(e) 装修阶段时，及时恢复挂设警示牌；窗框安装完成后，及时恢复防护

## 安全带使用示意图

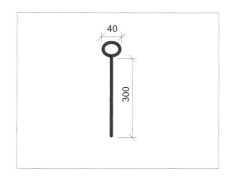

(a) 采用 Φ10 螺纹圆钢制作，长 300，圆环直径 40

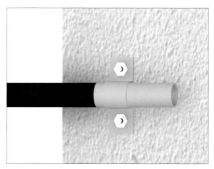

(b) 钢管卡扣固定

(c) 作业人员正确佩戴安全带，高挂低用

# 9.6 楼梯临边防护

## 轴测示意图

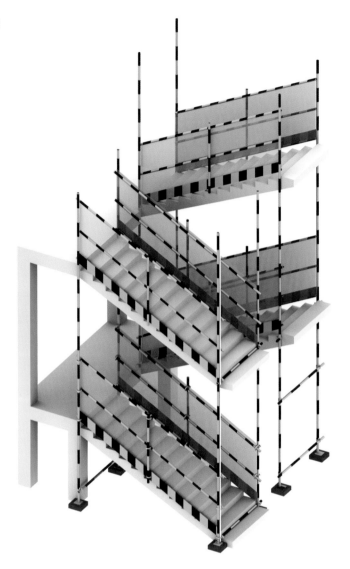

## 基本要求

（1）位置：楼梯位置。

（2）用途：用于楼梯处的临边安全防护。

（3）拆除要求：装正式栏杆时，逐层拆除楼梯临边防护，严禁一次性拆除所有防护。

## 现浇楼梯

（a）现浇楼梯作业时

（b）现浇楼梯视现场实际情况设置临时临边防护，待拆除楼梯模板后，立即搭设正式临边防护

分解示意图

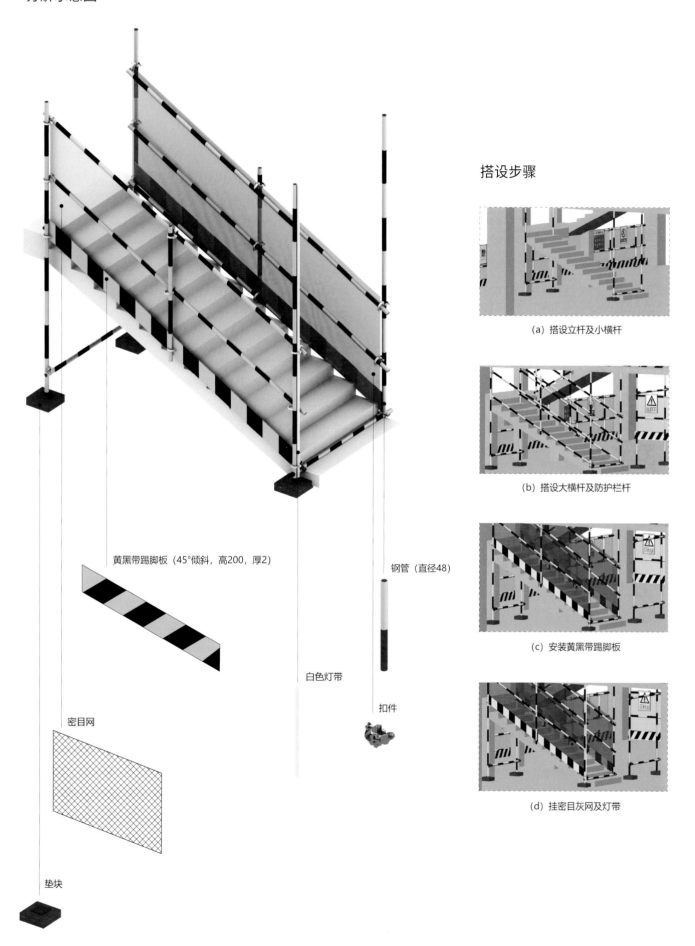

黄黑带踢脚板（45°倾斜，高200，厚2）

钢管（直径48）

白色灯带

扣件

密目网

垫块

搭设步骤

（a）搭设立杆及小横杆

（b）搭设大横杆及防护栏杆

（c）安装黄黑带踢脚板

（d）挂密目灰网及灯带

## 9.7 屋面临边防护

### 1. 平屋面

轴测示意图

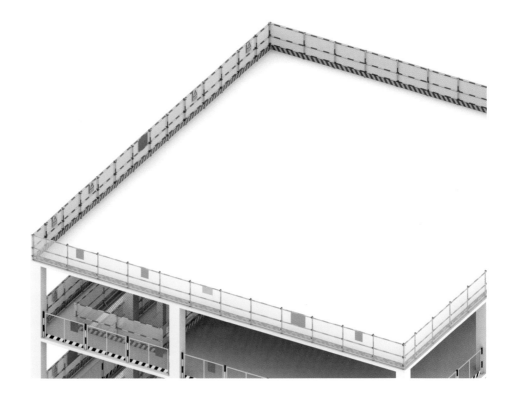

基本要求

（1）位置：屋面临边。
（2）用途：用于屋面的临边安全防护。

标识牌

(a) 警示牌 400×500

(b) 事故案例牌 450×300

| 企业标识 | 安全警示 | CSCEC89-AQJS-13 |

## 安全防护设施验收合格牌

搭设部位 _____     搭设日期 _____
搭设班组
责任人 _____     准用检验
审批人 _____

管理监控
责任人 _____     准用日期 _____

(c) 验收牌 500×400

不上人屋面临边防护

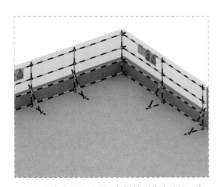

(a) 不上人屋面设置三角抛撑型临边防护，高 1800，搭设完成后验收挂牌

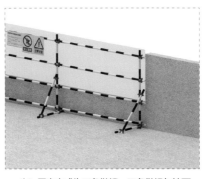

(b) 固定方式为三角抛撑，三角抛撑与地面夹角为 45°~60°

分解示意图

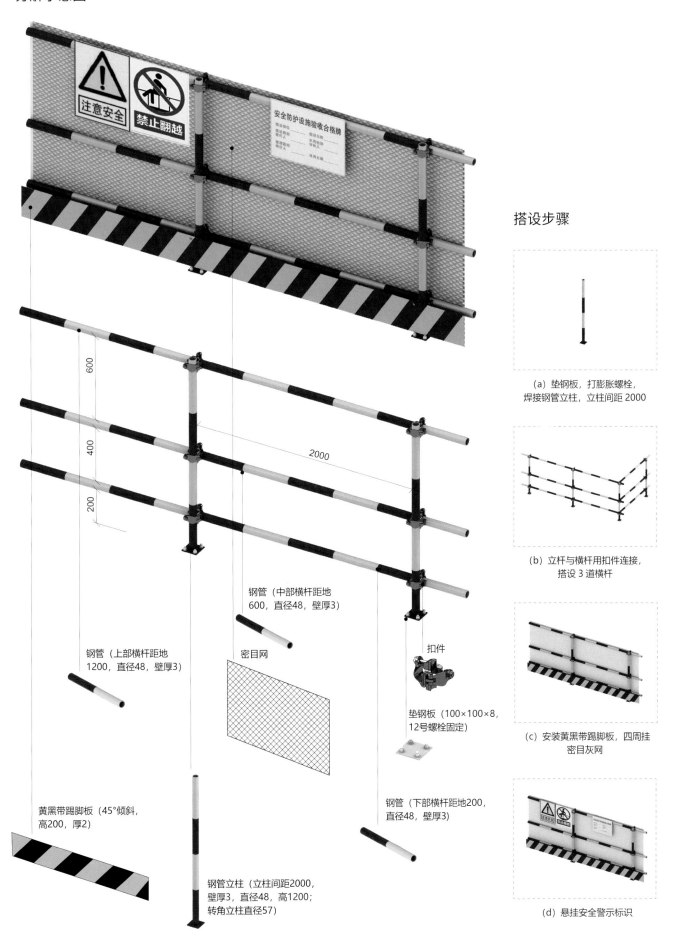

搭设步骤

注意安全
禁止翻越

安全防护设施验收合格牌

600
400
200
2000

钢管（中部横杆距地
600，直径48，壁厚3）

扣件

钢管（上部横杆距地
1200，直径48，壁厚3）

密目网

垫钢板（100×100×8，
12号螺栓固定）

黄黑带踢脚板（45°倾斜，
高200，厚2）

钢管（下部横杆距地200，
直径48，壁厚3）

钢管立柱（立柱间距2000，
壁厚3，直径48，高1200；
转角立柱直径57）

（a）垫钢板，打膨胀螺栓，
焊接钢管立柱，立柱间距 2000

（b）立杆与横杆用扣件连接，
搭设 3 道横杆

（c）安装黄黑带踢脚板，四周挂
密目灰网

（d）悬挂安全警示标识

## 2. 坡屋面

立面示意图

## 基本要求

（1）坡屋面临边防护的防护立杆出屋面 1500mm，沿坡屋面四周连续封闭设置横杆（上、下横杆间距 600mm），护栏阴角处水平设置45°斜拉杆与邻近水平杆连接，其余水平杆与建筑结构可靠拉接；所有杆件连接采用国标扣件，满铺踢脚板（400mm高），密目网封闭防护。

（2）拆除要求：屋面施工完成后，方可拆除临边防护。

## 标识牌

(a) 警示牌 400×500　　　　(c) 验收牌 500×400

## 搭设步骤

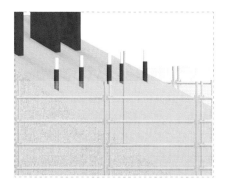

(a) 外架未拆除前预埋钢管，钢管出屋面高度
不小于 2000

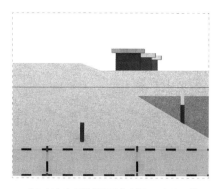

(b) 外架未拆除前设置生命绳，四角呈环状

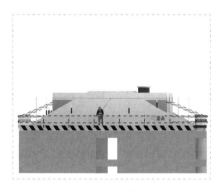

(c) 设置坡屋面临边防护栏杆，满铺踢脚板

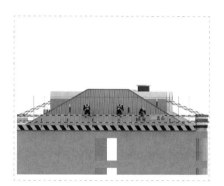

(d) 屋面作业人员正确佩戴安全带，挂于
生命绳上，并高挂低用

## 细节示意图

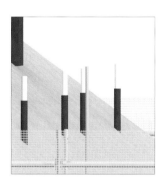

(a) 预埋钢管

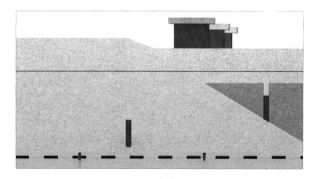

(c) 生命绳

(b) 阴角处水平设置 45°斜拉杆

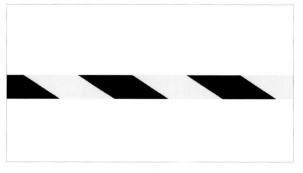

(d) 400 高踢脚板

## 9.8 洞口防护

### 1. 短边长度大于 1.5m（定型化）

轴测示意图

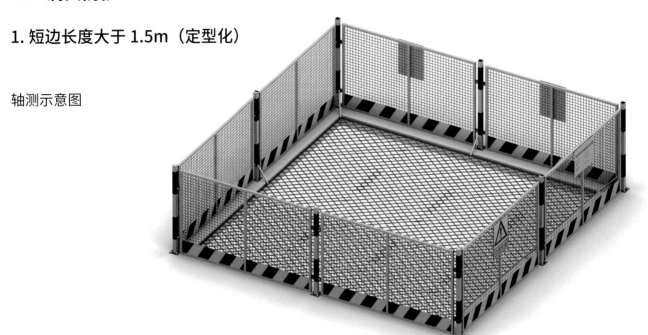

基本要求

（1）位置：短边长度大于 1.5m 的洞口临边。
（2）用途：用于短边长度大于 1.5m 洞口的临边安全防护。

标识牌

(a) 警示牌 400×500

(b) 事故案例牌 450×300

(c) 验收牌 500×400

搭设步骤

(a) 单片定型化网片安装，采用
膨胀螺栓固定

(b) 连接定型化网片

(c) 安装转角处的定型化网片，
悬挂安全警示标识

(d) 悬挂安全平网，验收

分解示意图

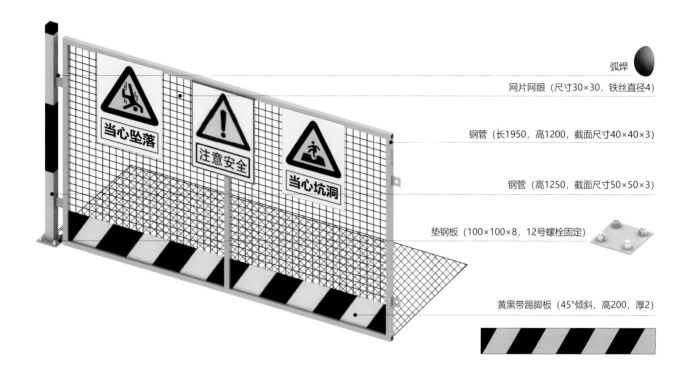

弧焊

网片网眼（尺寸30×30，铁丝直径4）

钢管（长1950，高1200，截面尺寸40×40×3）

钢管（高1250，截面尺寸50×50×3）

垫钢板（100×100×8，12号螺栓固定）

黄黑带踢脚板（45°倾斜，高200，厚2）

立面示意图

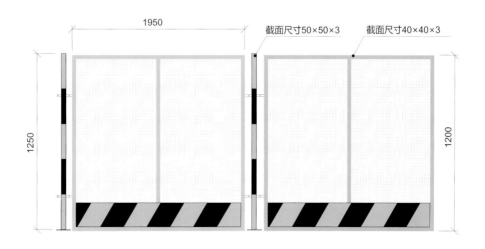

## 2. 短边长度大于 1.5m（非定型化）

轴测示意图

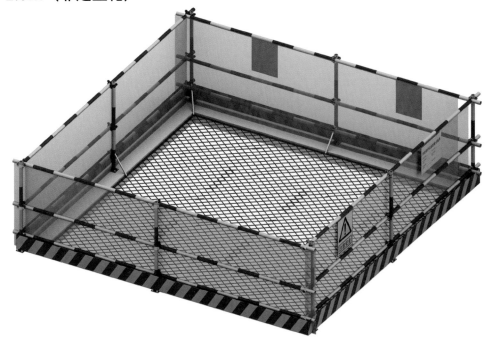

基本要求

（1）位置：短边长度大于 1.5m 的洞口临边。
（2）用途：用于短边长度大于 1.5m 洞口的临边安全防护。

标识牌

(a) 警示牌 400×500

(b) 事故案例牌 450×300

(c) 验收牌 500×400

搭设步骤

（a）垫钢板，打膨胀螺栓，焊接钢管立柱，立柱间距 2000

（b）立杆与横杆用扣件连接，搭设 3 道横杆

（c）安装黄黑带踢脚板，四周挂密目灰网

（d）悬挂安全警示标识和安全平网

分解示意图

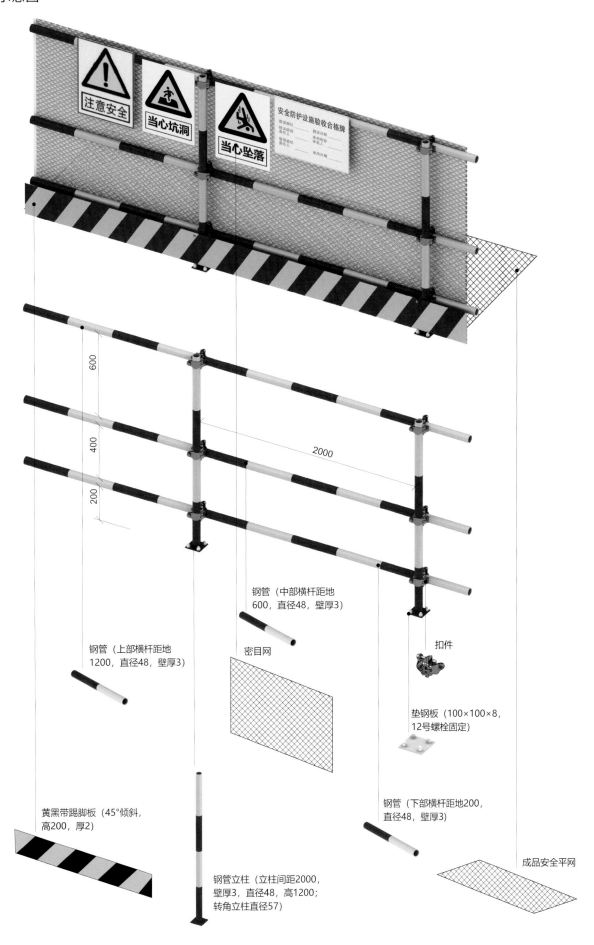

安全防护设施验收合格牌

钢管（中部横杆距地
600，直径48，壁厚3）

钢管（上部横杆距地
1200，直径48，壁厚3）

密目网

扣件

垫钢板（100×100×8，
12号螺栓固定）

黄黑带踢脚板（45°倾斜，
高200，厚2）

钢管立柱（立柱间距2000，
壁厚3，直径48，高1200；
转角立柱直径57）

钢管（下部横杆距地200，
直径48，壁厚3）

成品安全平网

## 3. 短边长度为 0.3~1.5m

分解示意图

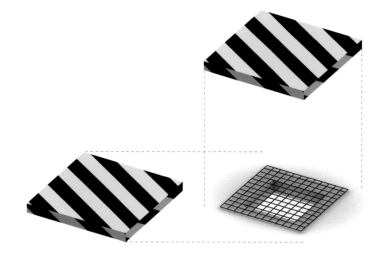

### 基本要求

（1）位置：短边长度为 0.3~1.5m 大小的洞口。
（2）用途：用于短边长度为 0.3~1.5m 洞口的安全防护。
（3）搭设步骤：先铺设钢筋网片，再铺设盖板。

## 4. 短边长度小于 0.3m

分解示意图

黄黑带盖板（45°倾斜，高 200，厚 2）
荷叶轴
膨胀螺栓

### 基本要求

（1）位置：短边长度小于 0.3m 的洞口。
（2）用途：用于短边长度小于 0.3m 洞口的安全防护。
（3）搭设步骤：先固定荷叶轴，后安装盖板。

# 5. 放线孔

## 轴测示意图

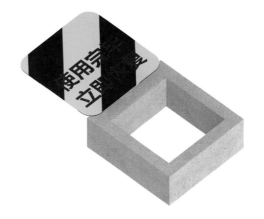

(a) 放线孔闭合：盖板正面喷文字"放线孔 编号"　　　　(b) 放线孔开启：盖板背面喷文字"使用完毕立即恢复"

## 基本要求

（1）使用要求：每次施工放线结束后，应将盖板恢复至闭合状态。
（2）拆除要求：放线孔盖板应随洞口封闭进度逐层拆除，严禁从上到下全部拆除后再进行封闭。

## 细节示意图

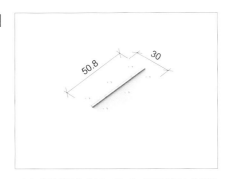

(a) 铰链规格为 50.8×30×1，采用直径 8 的膨胀
螺丝安装

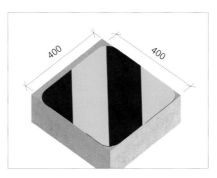

(b) 盖板为厚度 1 的花纹钢板，尺寸为
400×400，刷 45°倾斜的黄黑相间漆，倒角处理

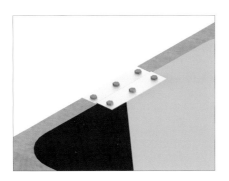

(c) 荷叶轴与盖板采用焊接或螺栓连接

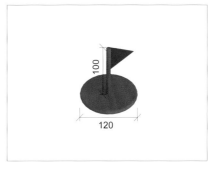

(d) 竖向柔性标识：橡胶小红旗（直径 120，
高 100，用硅胶粘在钢板上）

# 6. 泵管洞口

## 轴测示意图

## 基本要求

拆除要求：泵管洞口应随泵管拆除进度而逐层浇筑。

## 标识牌

（a）警示牌 400×500

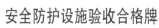

（b）验收牌 500×400

## 搭设步骤

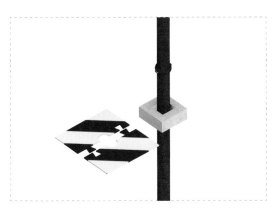

（a）泵管洞盖板采用 2 块 400×800×15 模板楔拼，中心开孔，
孔洞大小依据泵管管径而定，并刷 45°倾斜黄黑相间漆

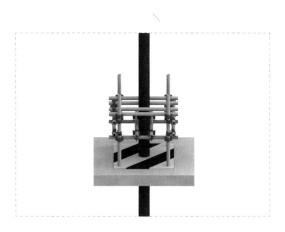

（b）泵管加固（使用普通钢管固定泵管，严禁与外部防护相连）

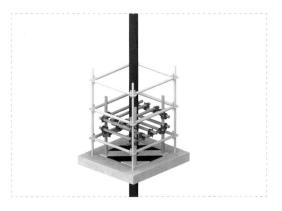

（c）泵管周边使用盘扣架搭设 900×900×1500 泵管防护，
并设置 3 道横杆，每道横杆间隔 500

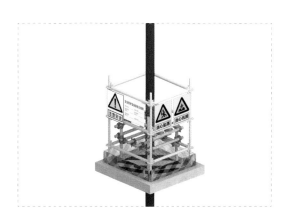

（d）验收挂牌

## 细节示意图

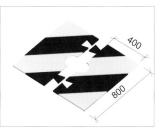

（a）1500 立杆　　　　　　　（b）900 横杆　　　　　　　（c）400×800×15 模板楔拼

# 7. 管道井、桥架平面预留洞

轴测示意图

基本要求

拆除要求：根据管道尺寸对防护钢筋进行切割，自下而上逐层拆除，吊模封堵，管道安装人员通过安全带便携挂点系挂安全带，并高挂低用。

标识牌

(a) 警示牌 400×500

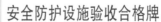

(b) 验收牌 500×400

## 搭设步骤

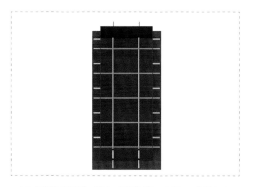

（a）梁板钢筋绑扎时洞口预埋钢筋（直径 8，间距 100）

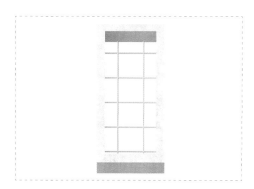

（b）浇筑后的洞口

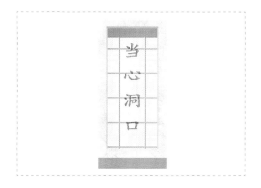

（c）上盖钢丝网或密目网，扎丝固定，将其内嵌至洞口，与预埋钢筋绑扎，并喷文字"当心洞口"（字体为楷体，大小适中）

（d）管道安装前，设置安全带便携挂点（利用螺杆洞安装）并喷漆"自下而上、逐层拆除"（字体为楷体，大小适中）

## 细节示意图

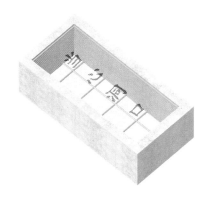

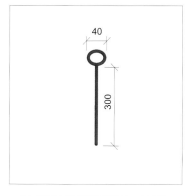

（a）密目网或钢丝网

（b）采用 Φ10 螺纹圆钢制作，长 300，圆环直径 40

## 8. 风管井

轴测示意图

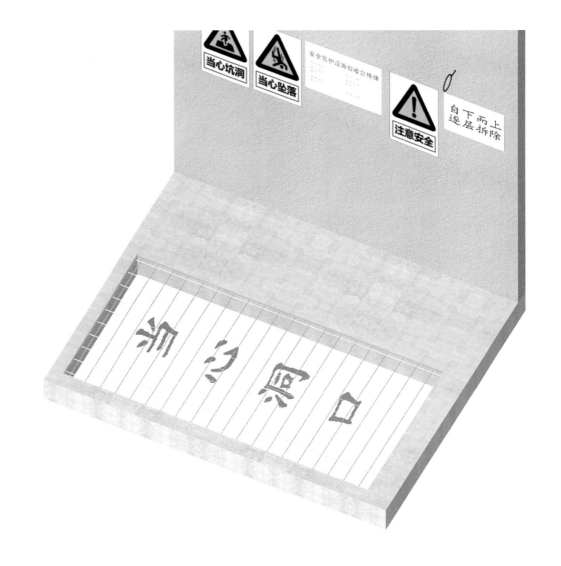

基本要求

拆除要求：随风管安装进度对防护钢筋进行切割，拆除人员通过安全带便携挂点系挂安全带。

标识牌

(a) 警示牌 400×500

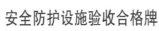

(b) 验收牌 500×400

## 搭设步骤

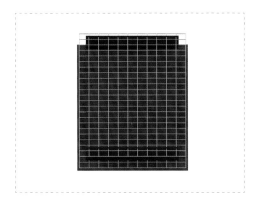

(a) 梁板钢筋绑扎时风管井预埋钢筋（直径 8，间距 100）

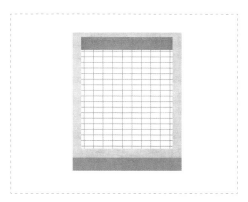

(b) 浇筑后的风管井

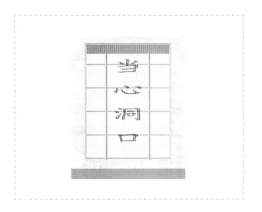

(c) 上盖钢丝网或密目网，扎丝固定，将其内嵌至洞口，
与预埋钢筋绑扎，并喷文字"当心洞口"（字体为楷体，
大小适中）

(d) 风管安装前，设置安全带便携挂点 (利用螺杆洞安装)
并喷漆"自下而上、逐层拆除"（字体为楷体，大小适中）

## 细节示意图

(a) 密目网或钢丝网

(b) 采用 Φ10 螺纹圆钢制作，长 300，
圆环直径 40

## 9. 烟道井

轴测示意图

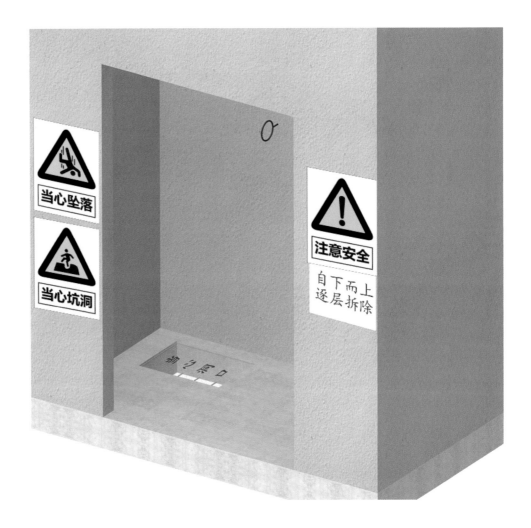

## 基本要求

拆除要求：随烟道安装进度自下而上逐层拆除钢丝网，吊模封闭，钢筋网兼作烟道搁置钢筋。

## 标识牌

(a) 警示牌 400×500

(b) 验收牌 500×400

## 搭设步骤

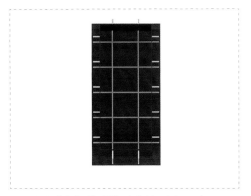

（a）梁板钢筋绑扎时烟道井预埋钢筋（直径 8，间距 100）

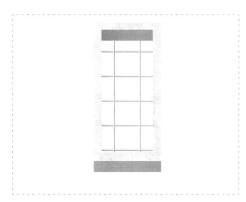

（b）浇筑后的洞口

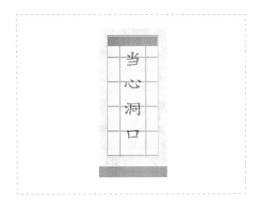

（c）上盖钢丝网或密目网，扎丝固定，将其内嵌至洞口，与预埋钢筋绑扎，并喷文字"当心洞口"（字体为楷体，大小适中）

（d）烟道安装前，设置安全带便携挂点（利用螺杆洞安装）并喷漆"自下而上、逐层拆除"（字体为楷体，大小适中）

## 细节示意图

（a）密目网或钢丝网

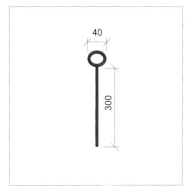

（b）采用 Φ10 螺纹圆钢制作，长 300，圆环直径 40

## 10. 传料口（短边尺寸小于 0.3 m）

轴测示意图

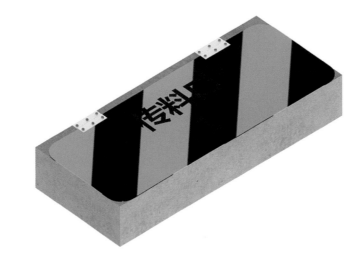

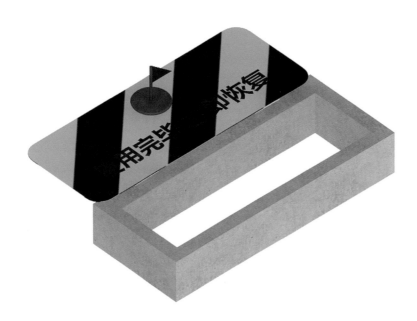

基本要求

（1）使用要求：每次传料结束后，应将盖板恢复至闭合状态。上部接料人员应系挂区域限制型安全带。

（2）拆除要求：传料口盖板应随洞口封闭进度逐层拆除，严禁从上到下全部拆除后再进行封闭。

# 细节示意图

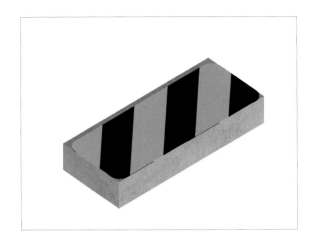

（a）盖板为厚 1 的花纹钢板，尺寸 300×500，刷 45°倾斜的黄黑相间漆，倒角处理

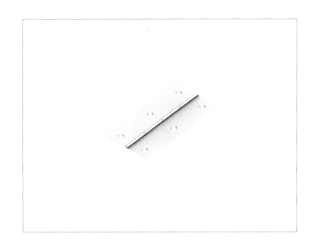

（b）铰链规格为 50.8×30×1，使用直径 8 的膨胀螺丝安装

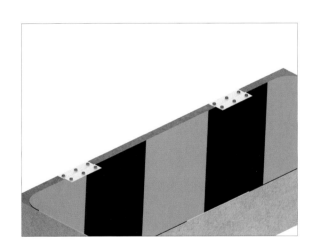

（c）荷叶轴与盖板采用焊接或螺栓连接

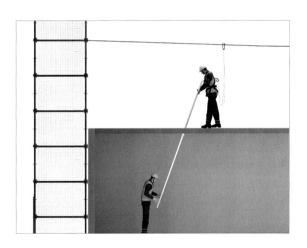

（d）传料时，外架设置生命绳，接料人员使用区域限制型安全带，递料人员严禁站在料口正下方

## 11. 吊装洞口

立面示意图

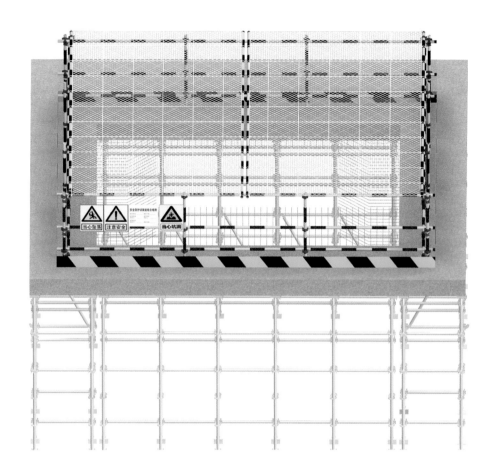

基本要求

拆除要求：吊装洞口拆除应在模板支设完毕后进行，有多层传料口防护拆除时，应自下而上逐层进行，下一层浇筑完毕，强度满足施工作业要求后，再进行上一层的浇筑工作。

标识牌

(a) 警示牌 400×500

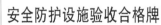

(b) 验收牌 500×400

## 搭设步骤

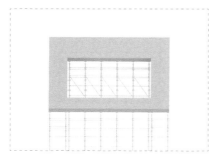

(a) 吊装洞口

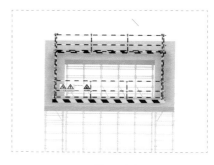

(b) 搭设临边防护

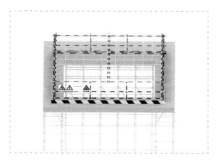

(c) 吊装洞口不使用时，使用钢管和
安全平网封闭

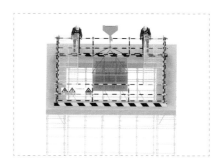

(d) 吊装洞口使用时，将安全平网分开至两边；
使用过程中，作业人员临边作业时须将安全带系
挂在防护栏杆上

## 细节示意图

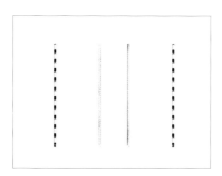

(a) 防护顶部采用四根钢管及双层安全平网，
安全平网与钢管绑扎牢固

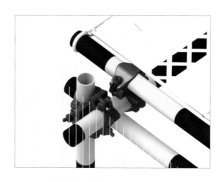

(b) 端头两根钢管使用扣件固定在两侧防护上

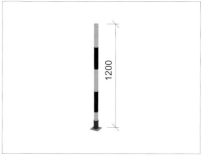

(c) 1200 立杆

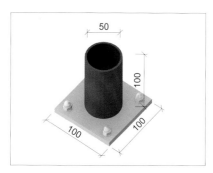

(d) 钢管套筒内直径为 50，高度为 100，钢板
尺寸为 100×100，钢管与钢板满焊，与地面采用
直径为 12 的膨胀螺栓固定

# 12. 采光井

立面示意图

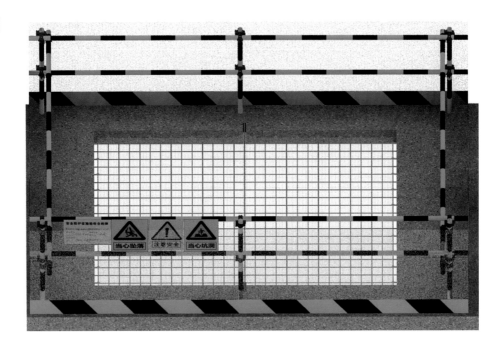

基本要求

拆除要求：当采光井短边尺寸小于 3m 时，拆除应在正式栏杆安装完成后进行，临边作业人员系挂安全带。

标识牌

(a) 警示牌 400×500

(b) 验收牌 500×400

## 搭设步骤

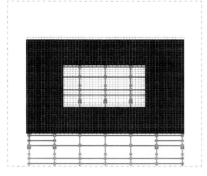

（a）作业层钢筋（直径 8，间距 100）预埋

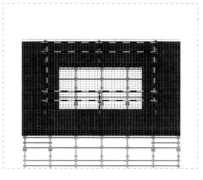

（b）作业层搭设临时防护

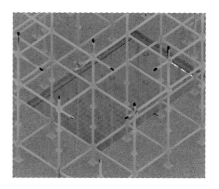

（c）拆模层设置水平柔性钢索，柔性钢索固定在预埋拉环上

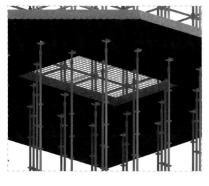

（d）拆模时，严禁拆除柔性钢索

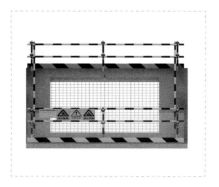

（e）拆模完成后的楼层，验收挂牌

## 细节示意图

（a）柔性钢索

（b）采用 Φ10 螺纹圆钢制作，长 150，圆环直径 18

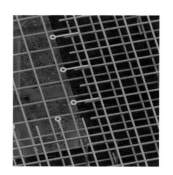

（c）柔性钢索拉环与结构钢筋绑扎，漏出部位长 50

# 13. 集水井

轴测示意图

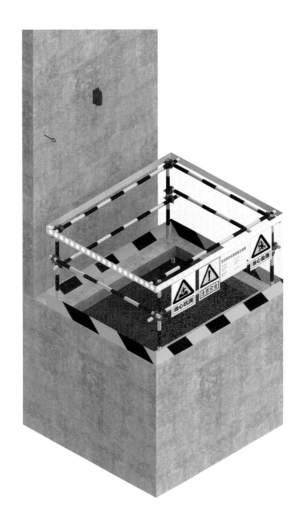

基本要求

拆除要求：当拆除集水井防护时，作业人员应使用便携式悬挂点悬挂安全带，并高挂低用。

标识牌

(a) 警示牌 400×500

安全防护设施验收合格牌

| 搭设部位 | 搭设日期 |
| 搭设班组责任人 | 准用检验审批人 |
| 管理监控责任人 | 准用日期 |

(b) 验收牌 500×400

## 搭设步骤

(a) 集水井

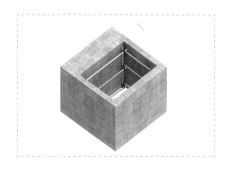

(b) 集水井内部搭设钢管架，横杆间距 600，立杆根据集水井实际尺寸而定

(c) 上口采用模板进行封闭（模板顶标高略低于集水井标高）

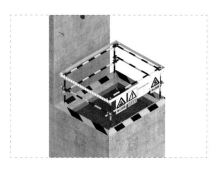

(d) 搭设临边防护，增设灯带，设置警示灯等

## 细节示意图

(a) 警示灯

(b) 灯带

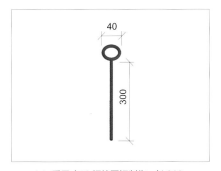

(c) 采用 Φ10 螺纹圆钢制作，长 300，圆环直径 40

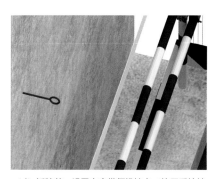

(d) 拆除前，设置安全带便携挂点（使用手枪钻开洞安装）

# 14. 伸缩缝、沉降缝

## 轴测示意图

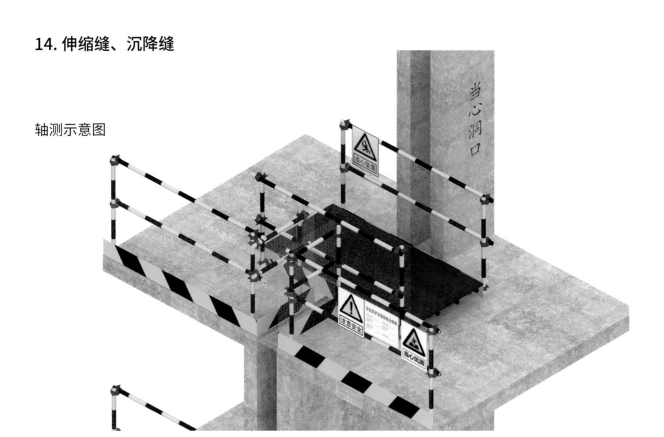

## 基本要求

拆除要求：拆除防护后立即封闭伸缩缝、沉降缝，临边作业人员系挂安全带。

## 标识牌

(a) 警示牌 400×500

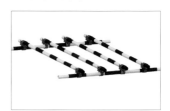

安全防护设施验收合格牌

| 搭设部位 _____ | 搭设日期 _____ |
| 搭设班组 | 准用检验 |
| 责任人 _____ | 审批人 _____ |
| 管理监控 | |
| 责任人 _____ | 准用日期 _____ |

(b) 验收牌 500×400

## 细节示意图

(a) 通道基础采用钢管安装

(b) 通道基础上方用模板封闭

## 搭设步骤

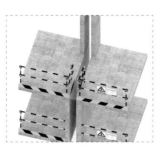

(a) 预埋单向钢筋，水平方向采用直径为8的钢筋

(b) 伸缩缝预埋钢筋上盖密目网，用扎丝固定，并设置临边防护

(c) 跨缝施工通道采用钢管和模板，并设置栏杆，与防护交圈处封闭

(d) 拆模时，严禁拆除柔性钢索

## 9.9 桩孔防护

分解示意图

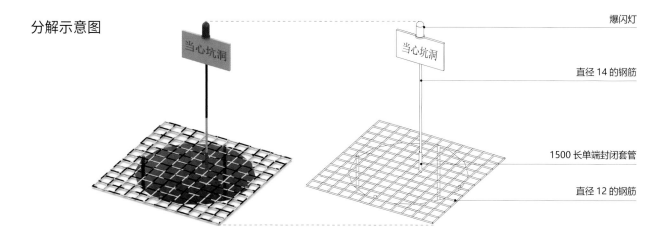

爆闪灯

直径 14 的钢筋

1500 长单端封闭套管

直径 12 的钢筋

基本要求

(1) 位置: 桩孔。
(2) 用途: 用于桩孔防护。
(3) 钢筋网片最外边距离桩孔大于或等于 10cm。

## 9.10 后浇带防护

平面示意图

模板刷黄黑油漆
(高 200, 厚 2)　　防水密闭胶　　厚钢板 (长 4000, 厚 10, 用于车辆通行)　　防水胶带

基本要求

(1) 位置: 后浇带处。
(2) 用途: 用于后浇带的安全防护。

## 9.11 电梯井防护

### 1. 非定型化——电梯井隔墙砌筑前

轴测示意图

基本要求

拆除要求：当电梯井拆除作业时，作业人员应系挂安全带，并高挂低用。

标识牌

(a) 警示牌 400×500

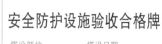

(b) 验收牌 500×400

## 搭设步骤

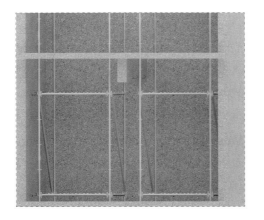

(a) 在电梯井四周（隔墙的梁上）打入吊钩

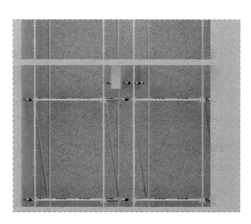

(b) 在电梯井四周安装钢管

(c) 在电梯井四周安装平网或模板

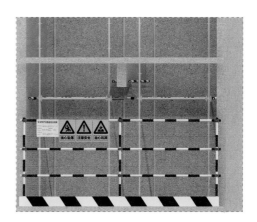

(d) 防护要求：上部横杆距地 1800，下部横杆距地 600

## 细节示意图

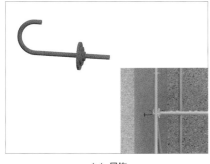

(a) 吊钩

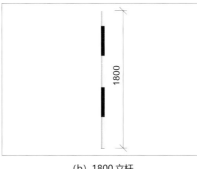

(b) 1800 立杆

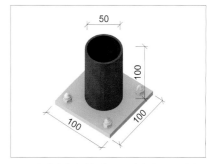

(c) 钢管套筒内直径为 50，高度为 100，钢板尺寸为 100×100，钢管与钢板满焊，与地面采用直径为 12 的膨胀螺栓固定

## 2. 定型化——电梯井隔墙砌筑后

轴测示意图

基本要求

拆除要求：当电梯井拆除作业时，作业人员应系挂安全带，并高挂低用。

# 搭设步骤

（a）在电梯井四周打入吊钩

（b）在电梯井四周安装钢管

（c）在电梯井四周安装平网或模板

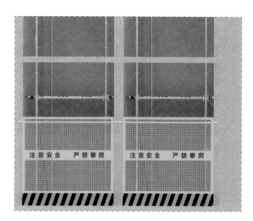

（d）安装定型化电梯井防护门

# 细节示意图

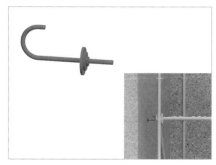

（a）吊钩

（b）定型化电梯井防护门采用直径
12 的膨胀螺栓安装

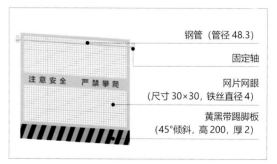

（c）定型化电梯井防护门

# 9.12 箱式变电站 / 变压器室防护

分解示意图

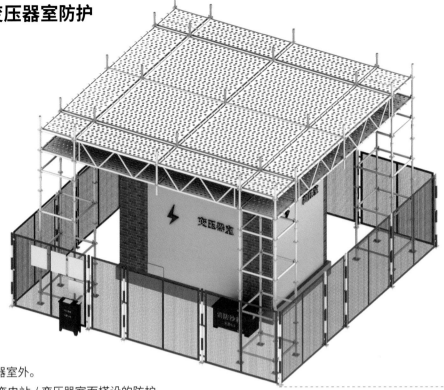

## 基本要求

（1）位置：箱式变电站 / 变压器室外。
（2）用途：防止闲人进入箱式变电站 / 变压器室而搭设的防护。
（3）箱式变电站 / 变压器室位于塔吊覆盖范围外可不搭设防护棚。
（4）采用定型化围栏将箱式变电站 / 变压器室与其他物件隔开。
（5）采用盘扣式钢管搭设箱式变电站 / 变压器室防护棚。
（6）围栏距离箱式变电站 / 变压器室不得小于 1.5m。

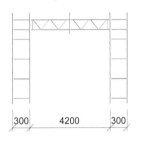

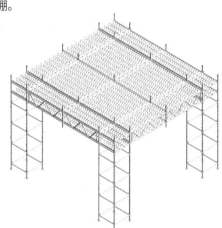

## 搭设步骤

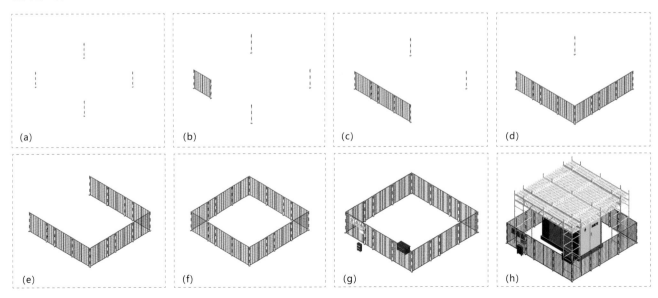

(a)　　(b)　　(c)　　(d)

(e)　　(f)　　(g)　　(h)

## 立面示意图

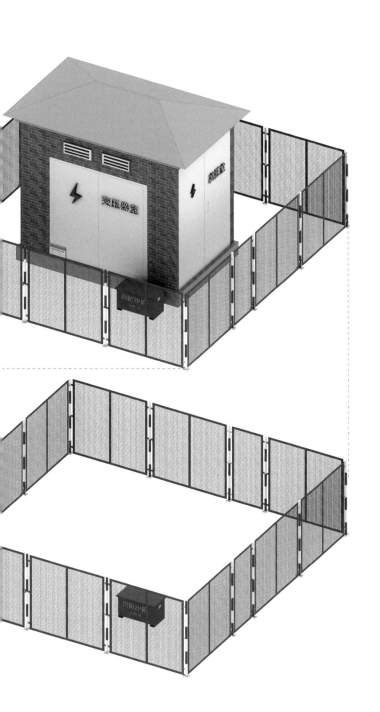

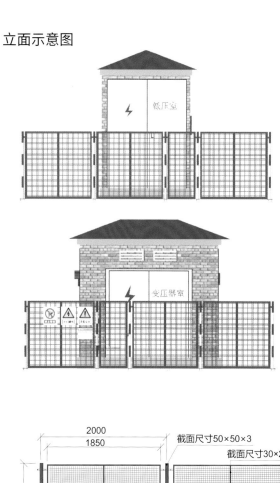

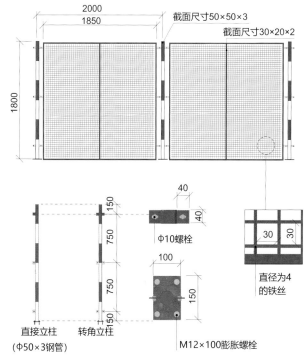

2000
1850
1800

截面尺寸50×50×3
截面尺寸30×20×2

40
40
Φ10螺栓

100
150
150
750
750
150

直接立柱
（Φ50×3钢管）

转角立柱

M12×100膨胀螺栓

30
30

直径为4
的铁丝

## 细节示意图

（a）警示标志 PVC 400×500

（b）验收牌 PVC 300×400

（c）2A 干粉灭火器

（d）消防沙箱 900×450×450

# 9.13 一级配电箱防护

分解示意图

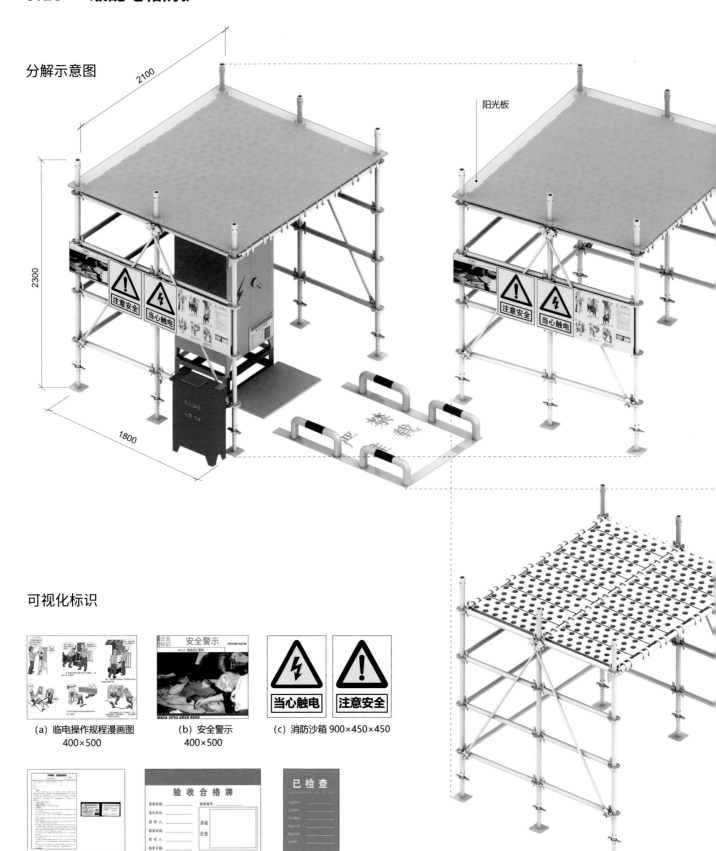

可视化标识

(a) 临电操作规程漫画图
400×500

(b) 安全警示
400×500

(c) 消防沙箱 900×450×450

(d) 电工证件及教育交底 (A4 塑封)

(e) 验收合格牌 350×240

(f) 月检标签
70×100

## 基本要求

（1）位置：一级配电箱处。

（2）用途：一级配电箱防砸的防护。

（3）钢筋加工区域的电箱维护通道必须设置 U 形护栏，其他区域视情况设置。

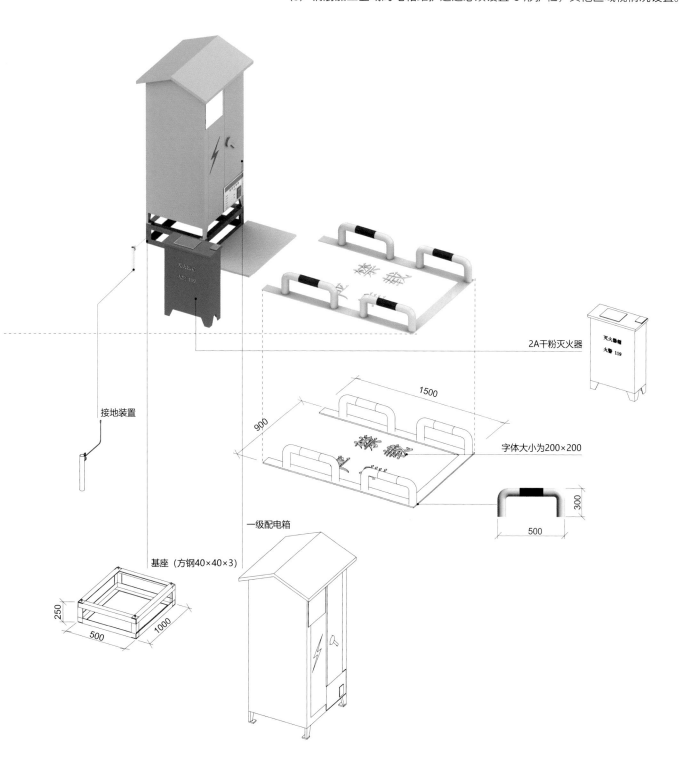

接地装置

2A干粉灭火器

字体大小为200×200

一级配电箱

基座（方钢40×40×3）

# 9.14 二级配电箱防护

分解示意图

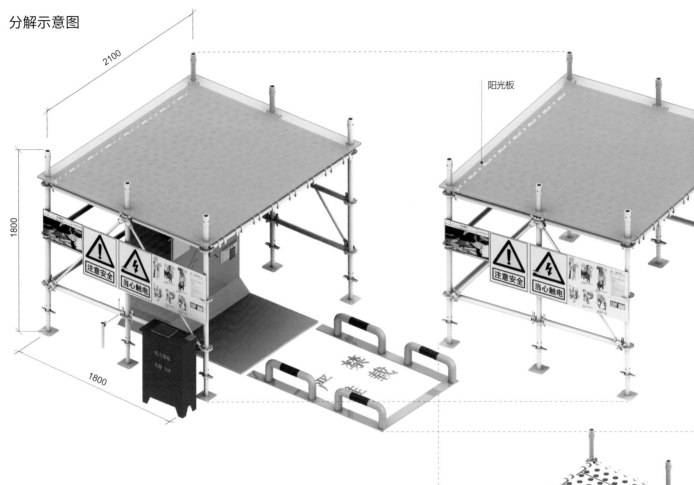

可视化标识

(a) 临电操作规程漫画图
400×500

(b) 安全警示
400×500

(c) 消防沙箱 900×450×450

(d) 电工证件及教育交
底（A4 塑封）

(e) 验收合格牌 350×240

(f) 月检标签
70×100

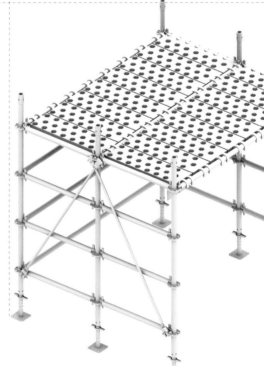

## 基本要求

（1）位置：二级配电箱处。

（2）用途：二级配电箱防砸的防护。

（3）钢筋加工区域的电箱维护通道必须设置 U 形护栏，其他区域视情况设置。

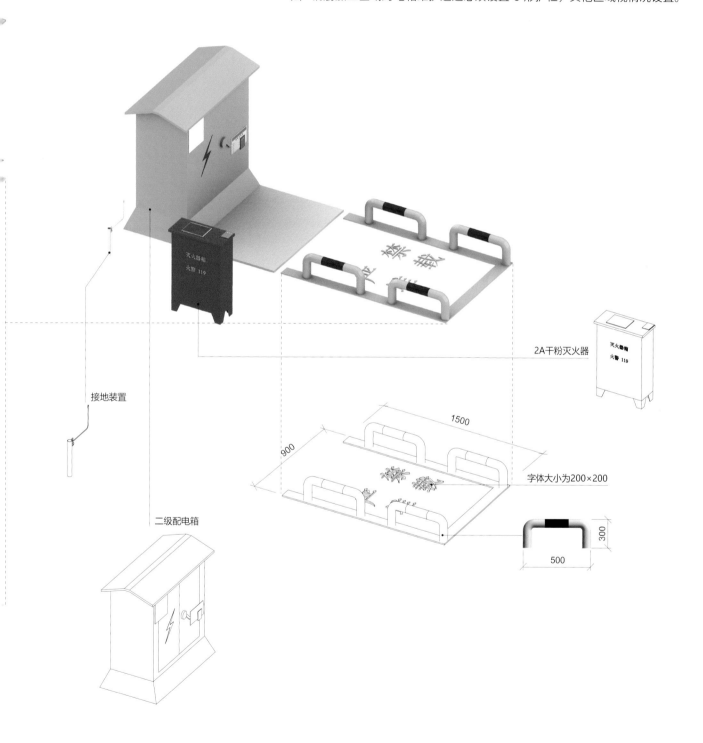

接地装置

二级配电箱

2A干粉灭火器

1500

900

字体大小为200×200

300

500

## 9.15 外电防护

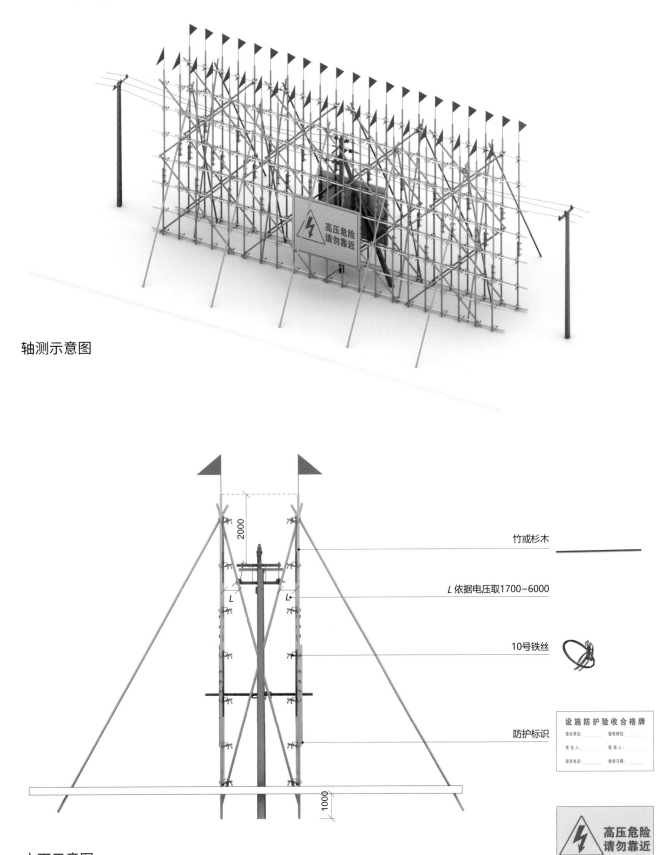

轴测示意图

立面示意图

竹或杉木

L 依据电压取1700~6000

10号铁丝

防护标识

设施防护验收合格牌

| 责任单位: | | 验收部位: | |
|---|---|---|---|
| 责任人: | | 验收人: | |
| 联系电话: | | 验收日期: | |

高压危险
请勿靠近

## 搭设步骤

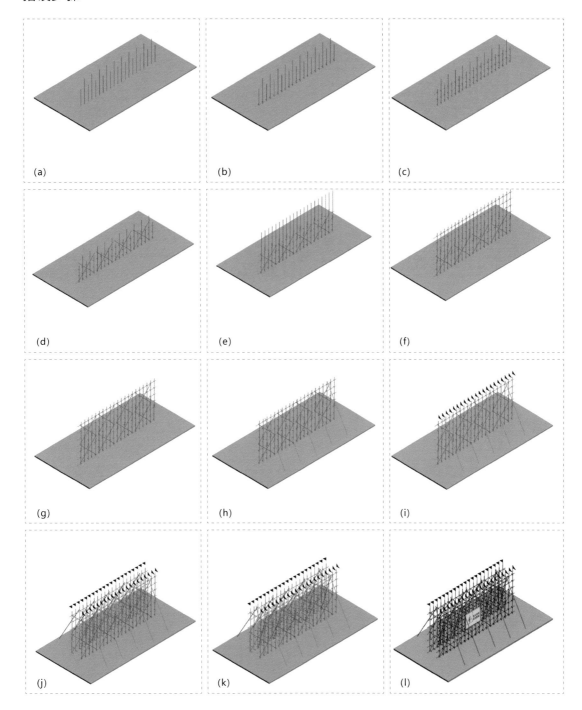

(a)　　　　　　　(b)　　　　　　　(c)

(d)　　　　　　　(e)　　　　　　　(f)

(g)　　　　　　　(h)　　　　　　　(i)

(j)　　　　　　　(k)　　　　　　　(l)

## 基本要求

（1）位置：外电线路防护处。

（2）用途：外电防护。

（3）注意：脚手架搭设的具体参数须依据专项施工方案确定；如相关部门有特殊规定的，依据相关规定执行。

## 9.16 配电线路敷设防护

### 1. 基坑临边配电线路支架

分解示意图

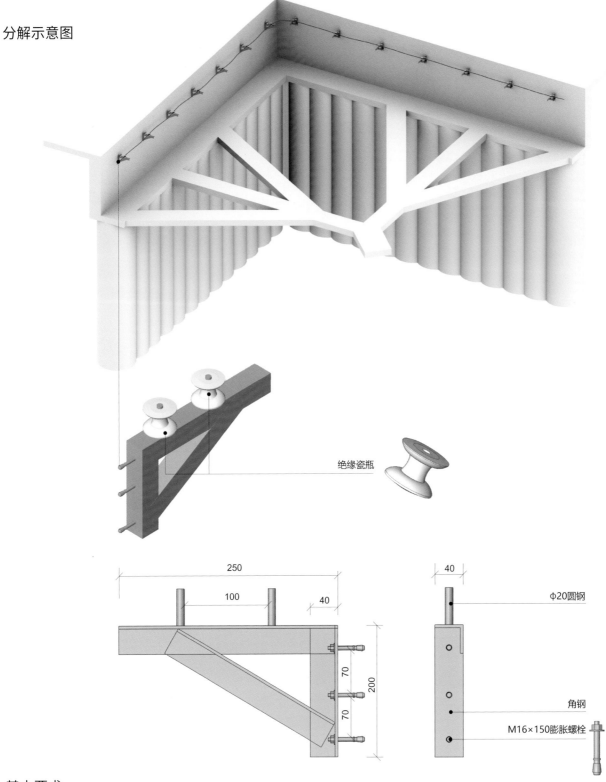

绝缘瓷瓶

250
100
40
70
200
70

40
Φ20圆钢

角钢

M16×150膨胀螺栓

### 基本要求

搭设时三角架须安装牢固，电缆线须绑扎牢固。

## 2. 工作面配电线路绝缘挂钩

分解示意图

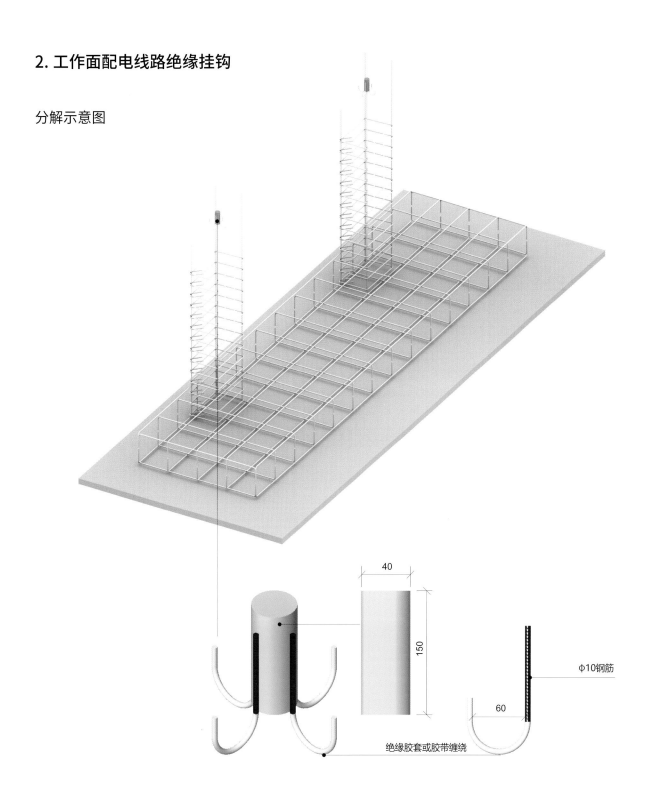

φ10钢筋

绝缘胶套或胶带缠绕

### 基本要求

（1）材料：一般为废弃的钢管和钢筋。

（2）尺寸：具体尺寸以现场可利用材料为主。

# 9.17 水泥砂浆罐防护

## 分解示意图

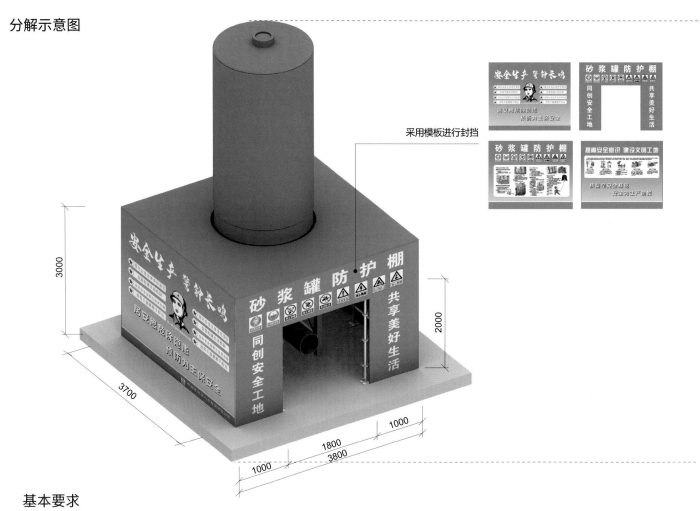

采用模板进行封挡

## 基本要求

防止水泥砂浆扬尘。

## 搭设步骤

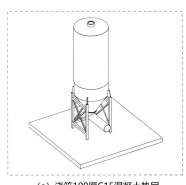

(a) 浇筑100厚C15混凝土垫层

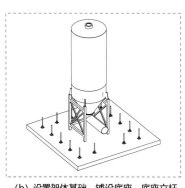

(b) 设置架体基础,铺设底座,底座立杆高500,间距900

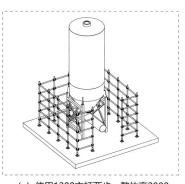

(c) 使用1200立杆两步,整体高2900

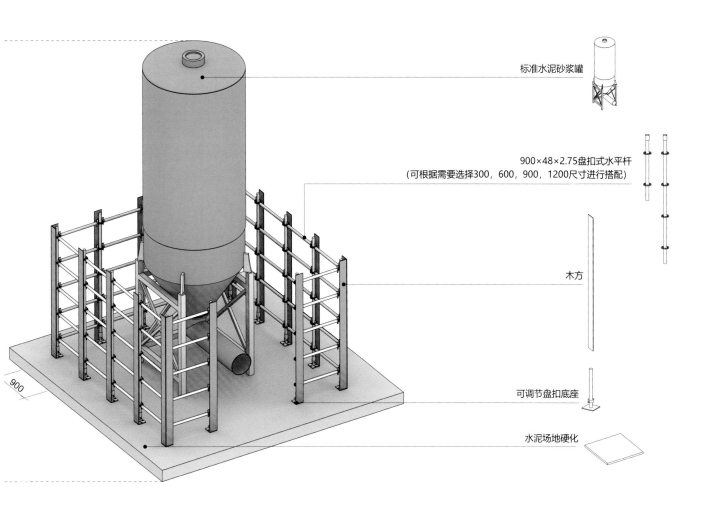

标准水泥砂浆罐

900×48×2.75盘扣式水平杆
（可根据需要选择300，600，900，1200尺寸进行搭配）

木方

可调节盘扣底座

水泥场地硬化

900

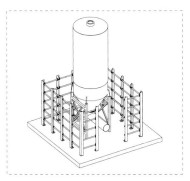

（d）用铁丝将木方绑扎至架体边缘立柱上

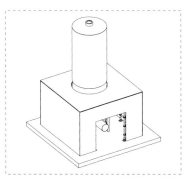

（e）使用模板封闭，并涂刷油漆；门尺寸为
2000×1800

# 10

# 消防
## FIRE PROTECTION

### 消防布置要求

（1）遵守《中华人民共和国安全生产法》相关规定。

（2）符合《建设工程施工现场消防安全技术规范》的规定。

（3）满足其他有关规范、相关政策文件及公司规定的要求。

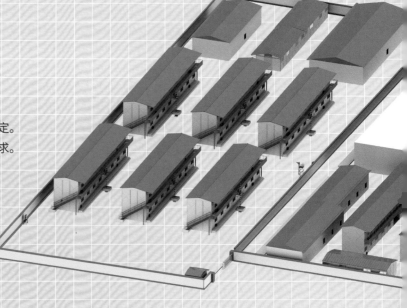

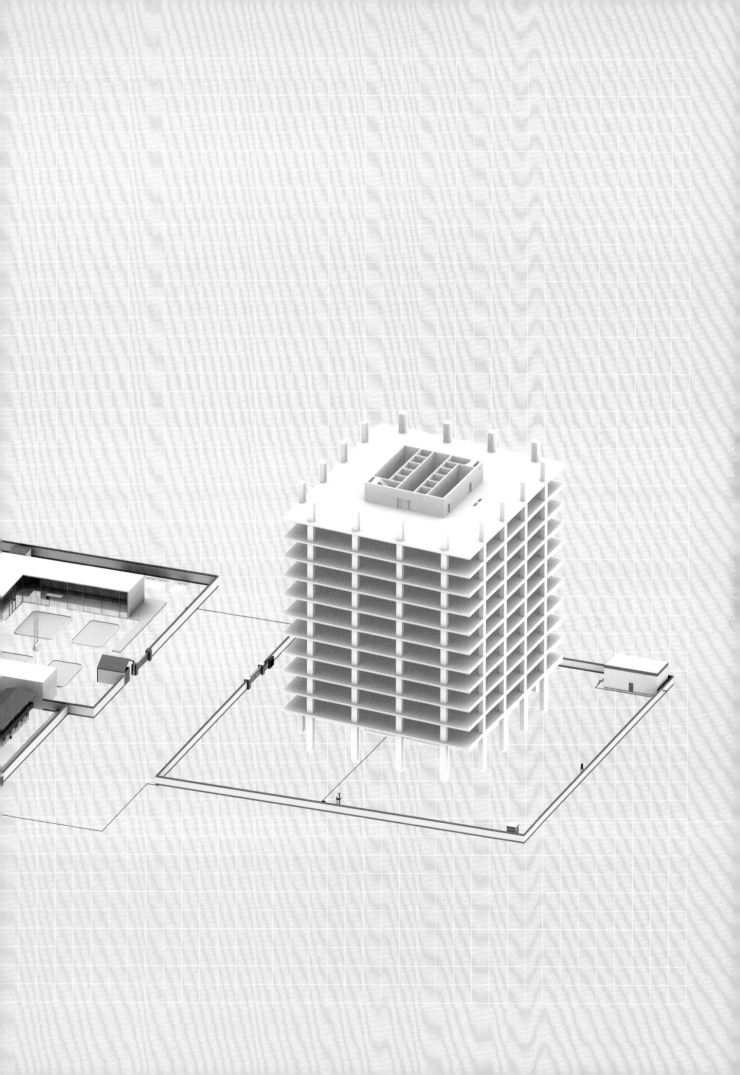

## 施工区轴测示意图

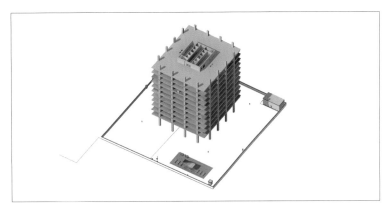

(a) 施工现场必须设置消防环网，管径不小于 100mm

(b) 外围墙按 50m 间距设置消火栓箱，位置选择在便于操作的地方

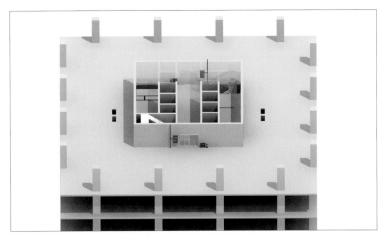

(c) 室内消火栓箱设置间距不得大于 50m，每超过 50m 增加一组消火栓箱；施工建筑面积在 500m² 以内，配置 5kg 手提式干粉灭火器不少于 2 组，每增加 500m²，增加 1 组

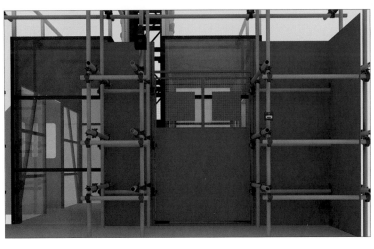

(d) 可在每层楼梯口处设置手动声光报警装置

## 办公区、生活区鸟瞰示意图

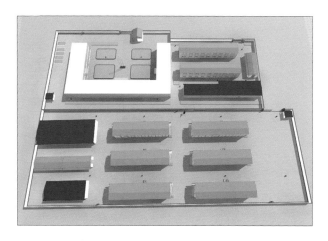

（a）办公区及生活区设置消防环网；按 50m 间距设置消火栓箱，位置选择在便于操作的地方

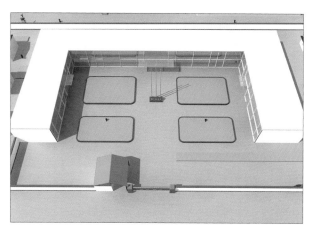

（b）办公区广场设置不少于 2 处 DN65 室外型单栓口地埋式消火栓

## 现场巡检示意图

利用红外热成像仪表排查温度异常区域，预防火灾事故

## 10.1 消防设施

分解示意图

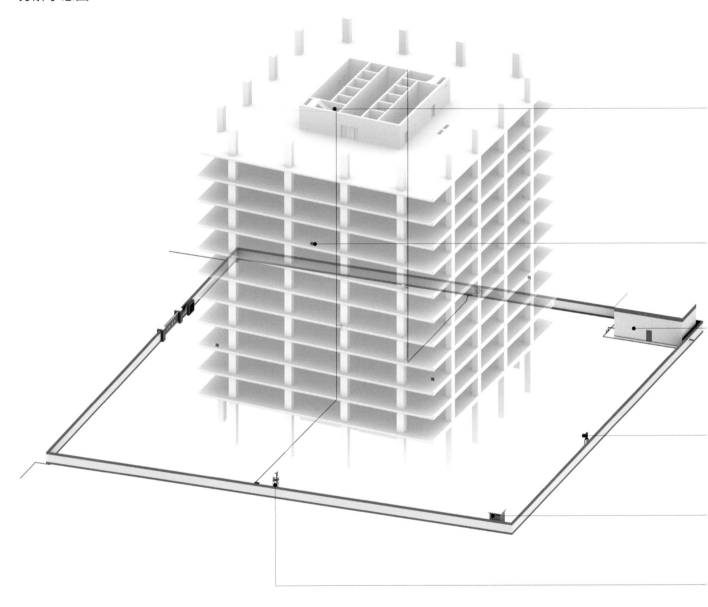

基本要求

（1）在建工程防火设计应根据施工性质、建筑高度、建筑规模及结构特点等情况进行确定。

（2）施工现场的消火栓泵应采用专用消防配电线路；专用消防配电线路应自施工现场总配电箱的总断路器上端接入，且应保持不间断供电。

（3）施工现场临时办公、生活、生产、物料存贮等功能区宜相对独立布置。

（4）给水干管的管径应大于或等于 100mm，高层建筑可将正式消防管作为临时消防管使用。

消防管线

灭火器

临时消防水泵房（含消防水箱）

消火栓

危险品仓库

消防水炮及炮塔

# 1. 临时消防水泵房

分解示意图一

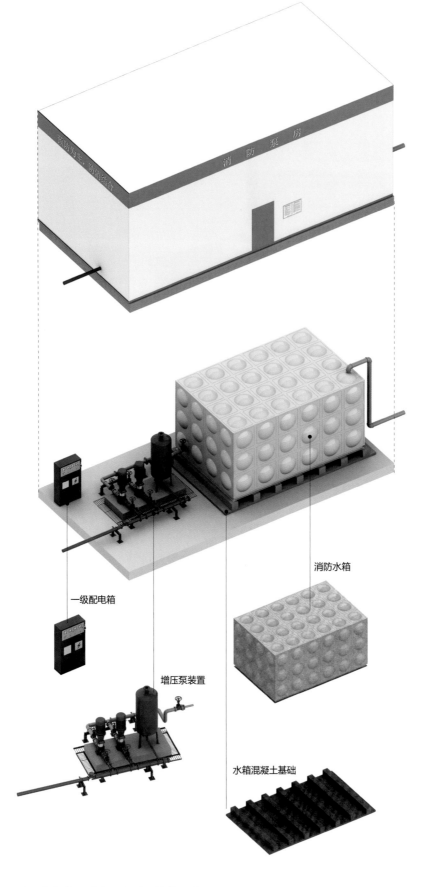

一级配电箱

增压泵装置

消防水箱

水箱混凝土基础

基本要求

（1）位置：常放置在空旷的角落，减少噪声对周边的影响。

（2）用途：用于给水环网加压。

# 分解示意图二

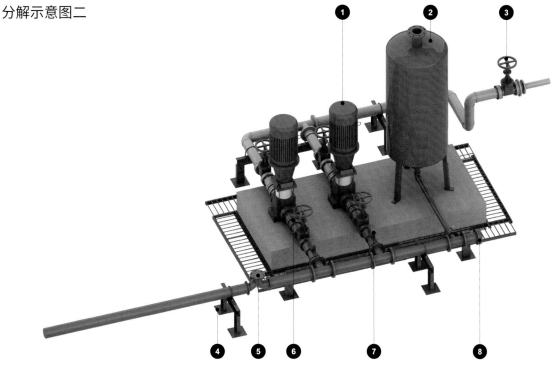

| | | | | |
|---|---|---|---|---|
| **1** 立式恒压泵 | 临时高压消防给水系统的消防水泵应采用一备一用，并互为备用 | **5** 法兰止回阀 | 可以阻止水的回流 |
| **2** 稳压罐 | 由罐体、气囊、接水口和排气口四部分组成；用于闭式水循环中，起到平衡水量及压力的作用；底部由膨胀螺栓固定 | **6** 可曲挠橡胶管接头 | 采用法兰连接 |
| **3** 法兰闸阀 | 临时消防水泵房管道中使用法兰闸阀，连接方式为螺纹法兰连接，闸阀采用明杆闸阀 | **7** 电接点压力表 | 电接点压力表工作原理：在被测介质的压力作用下，测量系统中的弹簧管末端产生相应的弹性变形（即位移），拉杆通过齿轮传动机的传动将位移放大，再由固定齿轮上的指针(连同触头)将被测值在度盘上显示出来。与此同时，当弹簧管与设定指针上的触头（上限或下限）相接触（动断或动合）的瞬时，控制系统中的电路断开或接通，从而达到自动控制和发信报警的目的 |
| **4** 管道支架 | 用于固定水管，水泵吸水管和出水管应单独设置支架，不得将管道及管路附件的重力传递给消防水泵；采用 10 号槽钢，固定钢板厚 5，槽钢支腿高 1000，底部用膨胀螺栓固定 | **8** 法兰堵头 | 用于封闭管道，用六角螺栓固定，相互连接的法兰端面应平行 |

## 临时消防水泵房搭设步骤

(a) 定位放线、预埋

(b) 浇筑过程中，根据厂家提供水泵和稳压罐型号留下基础预留孔（通常为 11 个 100×100 的方形孔）

(c) 在基础周围设置排水沟

(d) 吊装水泵和稳压罐，并在预留孔上放垫片，用地脚螺栓固定机器

(e) 在水泵进出口处法兰连接 DN100 的内外热镀锌钢管，并在进出口法兰连接 4 个可曲挠橡胶管接头

(f) 进出口法兰连接 4 个接口为 DN100 的闸阀，并在出水口连接 2 个电接点压力表

(g) 用 DN65 管道连接稳压罐

(h) 在进出水口合适位置放置管道支架

(i) 连接进出水口管道并设置管道支架

(j) 在出水口管道末端放置堵头

(k) 用 DN100 的管道连接 Y 形过滤器，注意 Y 形过滤器进水方向

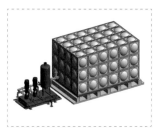

(l) 用 DN100 的管道连接消防水箱，并在消防水箱出水口前放置闸阀

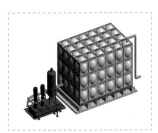

(m) 消防水箱设置 DN100 进水口

(n) 在出水口管道干管放置止回阀，注意止回阀进出口方向

(o) 放置一级配电箱，用线管连接水泵和电接点压力表

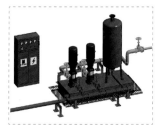

(p) 水压试验并清洗管道和消防水箱，放置管道支架，用 DN100 的管道将设施连接进环网

（q）搭设墙板、顶板、门窗等

（r）完成管理制度、操作规程可视
化布置

## 消防水箱搭设步骤

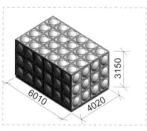

（a）根据现场贮水量需求选取成品
水箱

（b）基础垫层用 5 厚模板支模（基
础垫层大小需根据选取的成品水箱
大小来决定）

（c）C15 素混凝土浇筑基础垫层

（d）基础采用 5 厚模板、50×50
木方进行支模

（e）C25 素混凝土浇筑基础

（f）待混凝土强度满足要求即可
拆模

（g）吊装水箱至基础上

## 2. 消火栓

轴测示意图

基本要求

（1）消火栓的间距不应大于 120m，最大保护半径不应大于 150m。

（2）室外消火栓应于在建工程、临时用房和可燃材料堆场及其加工场均匀布置，与在建工程、临时用房和可燃材料堆场及其加工场的外边线距离不应小于 5m。

搭设步骤

（a）将 L41×100 斜角钢与 100×10 矩形钢进行焊接连接

（b）焊接中间部位的 100×10 矩形钢

（c）焊接顶部的 L100×10 角钢

（d）焊接 10 厚的钢板

（e）涂刷上红色油漆

# 3. 灭火器

轴测示意图

## 基本要求

（1）位置：易燃易爆危险品存放场所、动火作业场所、可燃材料存放及使用场所、厨房操作间、锅炉房、发动机房、变配电房、设备用房、办公用房、宿舍等临时用房和其他具有火灾危险的场所。

（2）适用范围：用于生活区、施工区消防灭火。

（3）布置要求：根据《建筑灭火器配置设计规范》，具体的灭火器数量要根据场所的使用性质、平面布局、危险特点、灭火器参数来计算确定，一般情况下按照以下标准进行配备。

① 厨房：面积在 $100m^2$ 以内，配置灭火器 3 具；面积每增加 $50m^2$，增配灭火器 1 具。

② 材料库：面积在 $50m^2$ 以内，配置灭火器不少于 1 具；面积每增加 $50m^2$，增配灭火器不少于 1 具（如仓库内存放可燃材料较多，要相应增加）。

③ 施工办公区、水泥仓：面积在 $100m^2$ 以内，配置灭火器不少于 1 具；面积每增加 $50m^2$，增配灭火器不少于 1 具。

④ 可燃物品堆放场：面积在 $50m^2$ 以内，配置灭火器不少于 2 具。

⑤ 电机房：配置灭火器不少于 1 个，电工房、配电房配置灭火器不少于 1 具。

⑥ 垂直运输设备（包括施工电梯、塔吊）驾驶室：配置灭火器不少于 1 具。

⑦ 油料库：面积在 $50m^2$ 以内，配置灭火器不少于 2 具；面积每增加 $50m^2$，增配灭火器不少于 1 具。

⑧ 临时易燃易爆物品仓库：面积在 $50m^2$ 以内，配置灭火器不少于 2 具。

⑨ 木制作场：面积在 $50m^2$ 以内，配置灭火器不少于 2 具；面积每增加 $50m^2$，增配灭火器 1 具。

⑩ 值班室：配置灭火器 2 具及直径 65mm、长度 20m 的消防水带 1 条。

⑪ 集体宿舍：每 $25m^2$ 配置灭火器 1 具；如占地面积超过 $1000m^2$，应按每 $500m^2$ 设立一个深 2m 的消防水池。

⑫ 临时动火作业场所：配置灭火器不少于 1 具和其他消防辅助器材。

⑬ 在建建筑物：施工层面积在 $500m^2$ 以内，配置灭火器不少于 2 具；面积每增加 $500m^2$，增配灭火器 1 具。非施工层必须视具体情况适当配置灭火器材。

## 安全标识

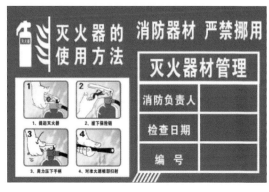

# 4. 消防水炮及炮塔

## 分解示意图

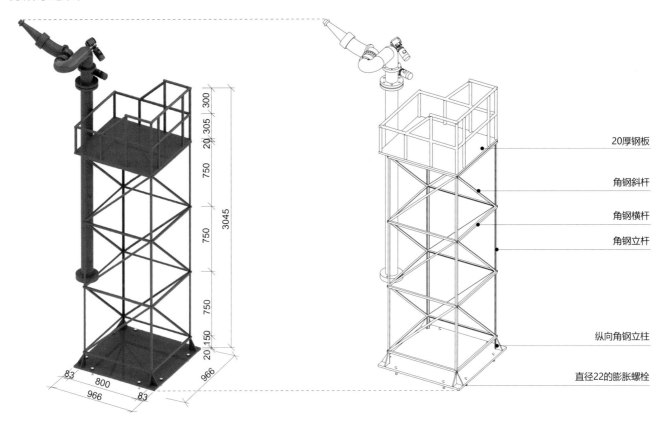

20厚钢板

角钢斜杆

角钢横杆

角钢立杆

纵向角钢立柱

直径22的膨胀螺栓

## 基本要求

（1）位置：常放置于指定区域，以便于进行大范围的覆盖。

（2）适用范围：在满足水炮额定压力及额定流量的前提下，水炮柱状射程为50m，即可覆盖直径100m的范围。

## 搭设步骤

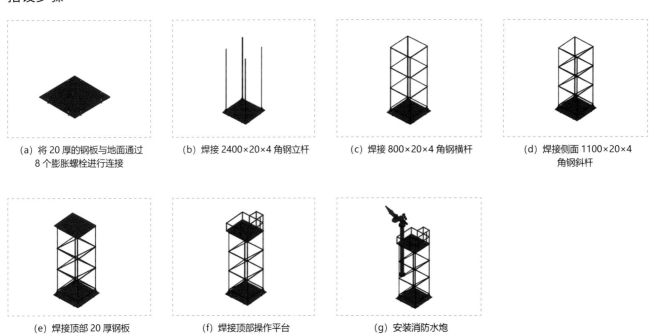

（a）将20厚的钢板与地面通过
8个膨胀螺栓进行连接

（b）焊接2400×20×4角钢立杆

（c）焊接800×20×4角钢横杆

（d）焊接侧面1100×20×4
角钢斜杆

（e）焊接顶部20厚钢板

（f）焊接顶部操作平台

（g）安装消防水炮

## 10.2 施工区

### 1. 木工加工棚

轴测示意图

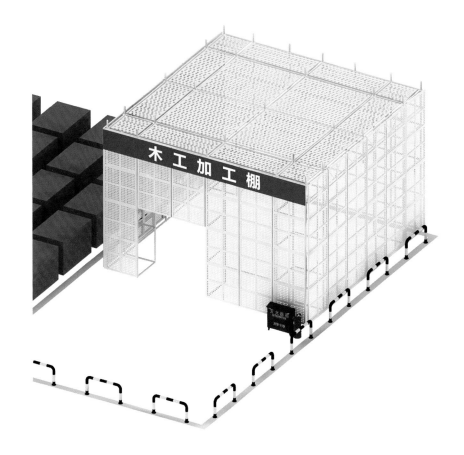

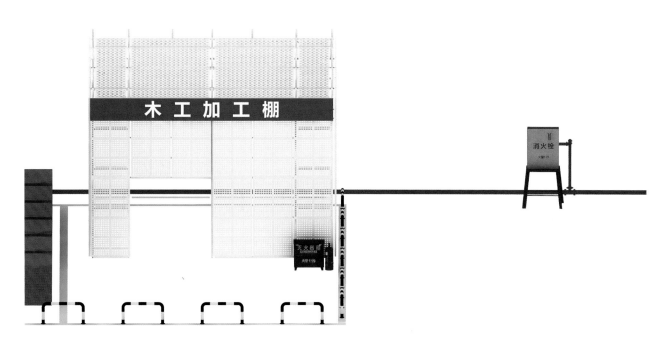

立面示意图

基本要求

（1）配置 5kg 手提式干粉灭火器：当加工棚面积小于或等于 50m$^2$ 时，配置 2 具；面积每增加 50m$^2$，增配 1 具。

（2）在进行平面布置时，木工加工棚与消火栓距离不得超过 20m。

## 2. 钢筋、安装等专业加工棚

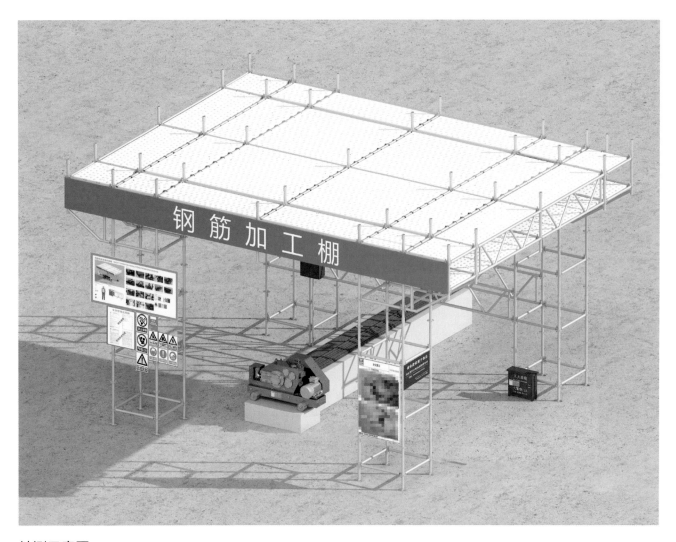

轴测示意图

## 基本要求

（1）配置 5kg 手提式干粉灭火器：当加工棚面积小于或等于 50m² 时，配置 2 具；面积每增加 50m²，增配 1 具。

（2）放置于加工设备右侧。

## 3. 易燃材料堆放场区

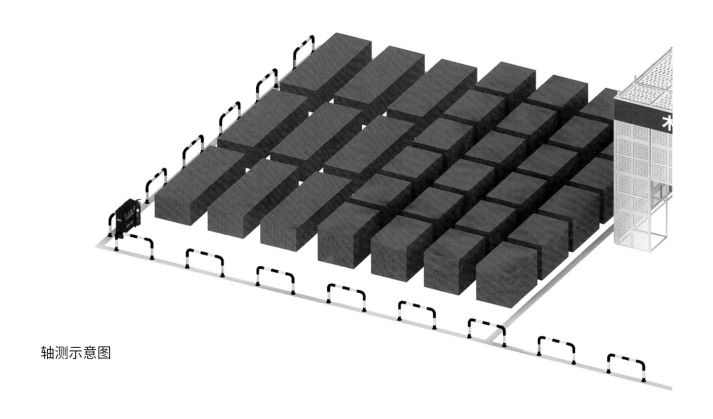

轴测示意图

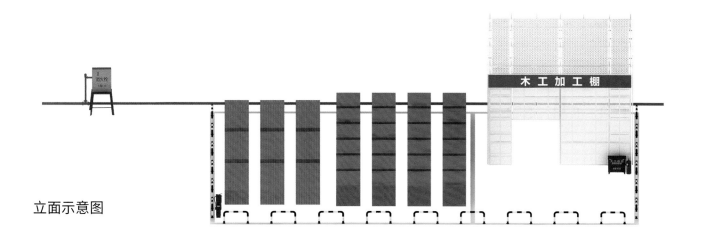

立面示意图

## 基本要求

（1）配置 5kg 手提式干粉灭火器：当堆放场区面积小于或等于 50m² 时，配置 2 具；面积每增加 50m²，增配 1 具；放置于靠近道路一侧。

（2）消防水配置：消火栓箱设置位置距离固体易燃物不得超过 20m。

## 4. 危险品仓库

轴测示意图

内部示意图

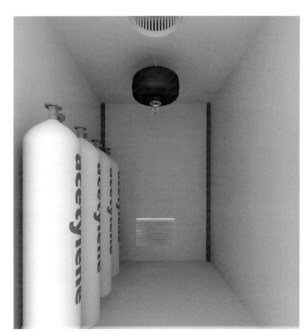

## 基本要求

（1）配置 5kg 手提式干粉灭火器：当库房面积小于或等于 50m² 时，配置不少于 2 具；放置于仓库门外右侧。

（2）干粉灭火球：按照灭火剂灭火效能为 5m³/kg，确定干粉灭火球配置数量。

（3）在库房内设置红外自动声光报警器。

## 5. 其他材料仓库

轴测示意图

### 基本要求

（1）配置 5kg 手提式干粉灭火器：当库房面积小于或等于 50m$^2$ 时，配置 2 具；面积每增加 50m$^2$，增配 1 具。

（2）放置于库房门外右侧。

## 6. 箱式变压器

轴测示意图

### 基本要求

配置 5kg 手提式干粉灭火器：配置 2 具，放置于门外右侧。

## 7. 一、二级配电箱（柜）

轴测示意图

### 基本要求

一、二级配电箱（柜）配置灭火器一组。

# 8. 工地门卫

轴测示意图

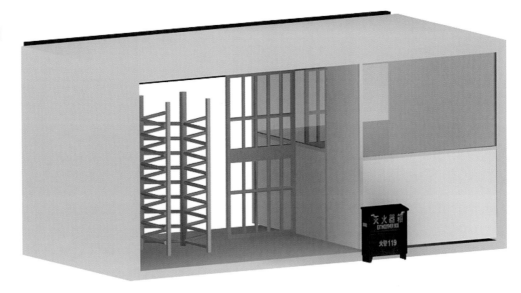

## 基本要求

配置手提式干粉灭火器 2 具，放置在门外右侧。

# 9. 吸烟休息亭

轴测示意图

## 基本要求

配置手提式干粉灭火器 2 具，放置在入口右侧。

## 10. 电梯驾驶室、塔吊驾驶室

轴测示意图

场景示意图

## 基本要求

驾驶室内配置手提式干粉灭火器。

## 11. 模板安装区域

内部示意图

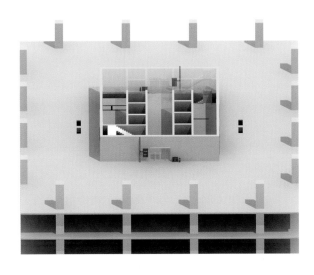

基本要求

（1）施工建筑面积在 500m² 以内，配置 5kg 手提式干粉灭火器不少于 2 具；面积每增加 500m²，增配 1 具。

（2）构筑物内，室内消火栓箱设置间距不得大于 50m，每超过 50m 增加一组消火栓箱；施工区域若有硬隔离，隔离两侧分别计算设置，并满足上述条件。

（3）可在每层楼梯口处设置手动声光报警装置。

## 12. 电焊作业区

场景示意图

红外测温仪

### 基本要求

（1）配置 5kg 手提式干粉灭火器，每处作业点配置 1 具。
（2）焊接作业后，用红外测温仪扫描施工区域，排查温度异常区域。

## 13. 保温施工区

场景示意图

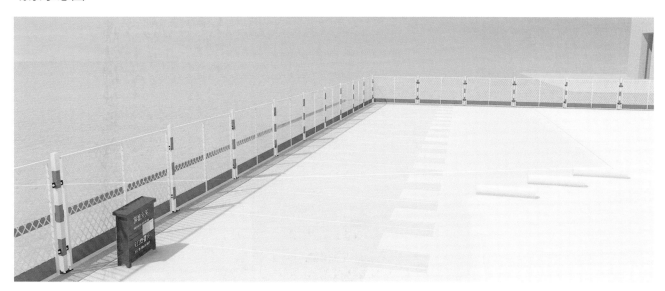

### 基本要求

每隔 20m 配置 5kg 手提式干粉灭火器 2 具。

## 14. 防水施工区

场景示意图

基本要求

每隔 20m 配置 5kg 手提式干粉灭火器 2 具。

## 15. 设备机房

场景示意图

基本要求

配置手提式干粉灭火器 2 具。

## 16. 外脚手架

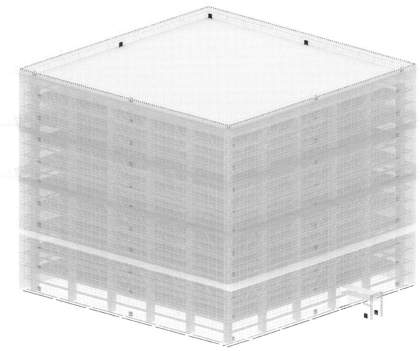

落地脚手架轴测示意图

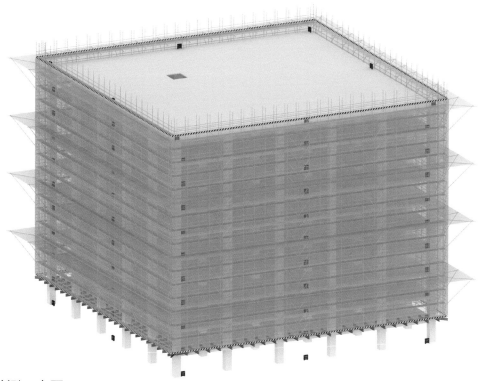

悬挑脚手架轴测示意图

## 基本要求

（1）沿每层外架延长线间隔不大于 20m 放置 2 具灭火器。
（2）在拐角处、上下通道处各放置 2 具灭火器。

# 10.3 办公区

## 1. 走道

### 场景与基本要求

(a) 公共走道两端无开门时，开窗面积不小于 2m²

(b) 配置干粉灭火器箱，每处 2 具 5kg 手提式干粉灭火器

(c) 灭火器箱布置间距不大于 20m，正门首层通道左手边 1 组，二层通道对称处各 1 组

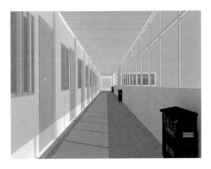

(d) 折线形走道转角处设置 1 组，袋形走道灭火器距最远端不大于 5m，其他处按间距配置

(e) 走道带幕墙的凹字形或 L 形办公室，每层走道拐角处配置一只带支架的 1.3kg 干粉灭火球

## 2. 办公室

### 场景与基本要求

(a) 火灾发生后就近取用走道内灭火器

(b) 室内顶部中心处设置烟感报警探头

(c) 悬挂干粉式自动灭火球，按照灭火剂灭火效能为 5m³/kg，确定 4kg 干粉灭火球数量，沿中线均布；动作温度为 68℃，安装高度控制在距地 2.3~3m

# 3. 会议室、接待室

## 场景与基本要求

（a）火灾发生后就近取用走道内灭火器

（b）房间开门距灭火器箱的距离不大于 2m

（c）室内顶部中心处设置烟感报警探头

（d）悬挂干粉式自动灭火球，按照灭火剂灭火效能为 5m³/kg，确定 4kg 干粉灭火球数量，沿中线均布；动作温度为 68℃，安装高度控制在距地 2.3~3m

# 4. 档案资料室

## 场景与基本要求

（a）当面积不大于 18m² 时，配置 4kg 手提式二氧化碳灭火器 2 具；当面积大于 18m² 时，根据产品类型配置相应规格二氧化碳灭火器

（b）室内顶部中心处设置烟感报警探头

（c）悬挂干粉式自动灭火球，按照灭火剂灭火效能为 5m³/kg，确定 4kg 干粉灭火球数量，沿中线均布；动作温度为 68℃，安装高度控制在距地 2.3~3m

# 5. 打印 / 复印室

## 场景与基本要求

（a）走道内配置干粉灭火器箱，每处 2 具 5kg 手提式干粉灭火器；与打印室距离不大于 2m

（b）室内顶部中心处设置烟感报警探头

（c）悬挂干粉式自动灭火球，按照灭火剂灭火效能为 5m³/kg，确定 4kg 干粉灭火球数量，沿中线均布；动作温度为 68℃，安装高度控制在距地 2.3~3m

## 6. 弱电机房

### 场景与基本要求

（a）走道内配置干粉灭火器箱，每处 2 具 5kg 手提式干粉灭火器；与弱电机房距离不大于 2m

（b）室内顶部中心处设置烟感报警探头

（c）悬挂干粉式自动灭火球，按照灭火剂灭火效能为 5m³/kg，确定 4kg 干粉灭火球数量，沿中线均布；动作温度为 68℃，安装高度控制在距地 2.3~3m

## 7. 办公用品室

### 场景与基本要求

（a）室内配置干粉灭火器箱，每处 2 具 5kg 手提式干粉灭火器；与办公用品室距离不大于 2m

（b）室内顶部中心处设置烟感报警探头

（c）悬挂干粉式自动灭火球，按照灭火剂灭火效能为 5m³/kg，确定 4kg 干粉灭火球数量，沿中线均布；动作温度为 68℃，安装高度控制在距地 2.3~3m

## 8. 吸烟点

### 场景与基本要求

吸烟点须配备 3kg 干粉灭火器 1 具

# 10.4 生活区

## 1. 宿舍

### 场景与基本要求

(a) 在距离直排带敞开外廊的宿舍 20m 范围内配置 1 组灭火器箱，2 具 5kg 手提式干粉灭火器

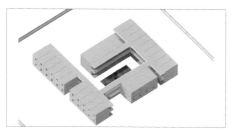

(b) 庭院式宿舍区，在庭院设置高射水炮和自动探测器，将红外成像远距离传送至门卫室，联动设置在生活区及门卫室的声光报警器；水炮安装在塔架上，安装高度为 3m，防护半径为 50m

(c) 宿舍内设置烟感报警系统，区域消防主机设置在门卫室，走道设置声光报警器，发生火灾报警时值班人员及时确认火灾情况，报火警并组织灭火

(d) 宿舍内设置自动喷水灭火系统

(e) 高射水炮系统设置专用水箱及增压设备

## 2. 厨房

### 场景与基本要求

厨房间配置干粉灭火器箱，每箱 2 具 4kg 手提式干粉灭火器

## 3. 餐厅

### 场景与基本要求

当餐厅面积在 30m² 以内时，配置灭火器箱 1 个，每箱 2 具 4kg 手提式干粉灭火器；当餐厅面积在 30~60m² 时，配置灭火器箱 2 个，每箱 2 具 4kg 手提式干粉灭火器

## 4. 阅览室、健身房、娱乐室、保健室、洽谈室

场景与基本要求

每 18m² 面积配置灭火器箱 1 个，每箱 2 具 4kg 手提式干粉灭火器

## 5. 电瓶车充电棚

场景与基本要求

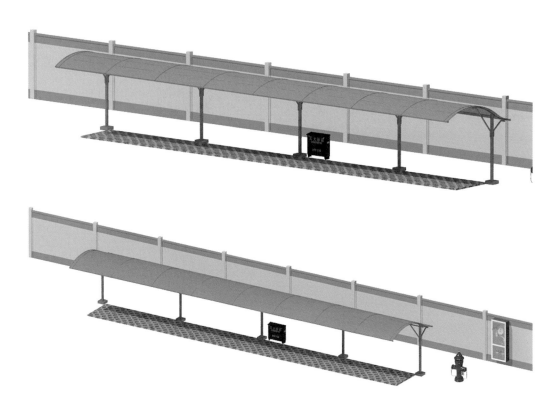

充电棚内明显处设置 1 个灭火器箱，每箱 2 具 5kg 手提式干粉灭火器

# 6. 充电室

## 场景与基本要求

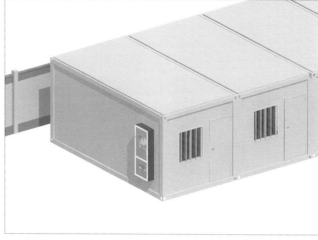

(a) 充电室明显处设置至少 1 个灭火器箱，每箱 2 具 5kg 手提式干粉灭火器

(b) 室外消火栓系统的安装位置应确保消防保护范围能够覆盖充电室

# 7. 超市、理发店

## 场景与基本要求

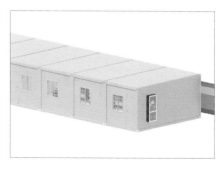

(a) 超市内明显处设置至少 1 个灭火器箱，每箱 2 具 5kg 手提式干粉灭火器

(a) 理发店内明显处设置至少 1 个灭火器箱，每箱 2 具 5kg 手提式干粉灭火器

(c) 室外消火栓箱的安装位置应确保消防保护范围能够覆盖超市

# 11

# 机电加工区
ELECTROMECHANICAL PROCESSING AREA

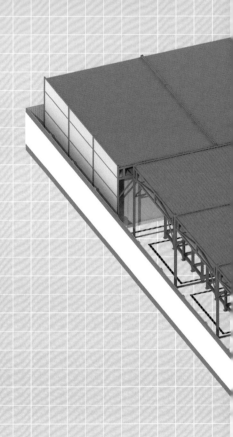

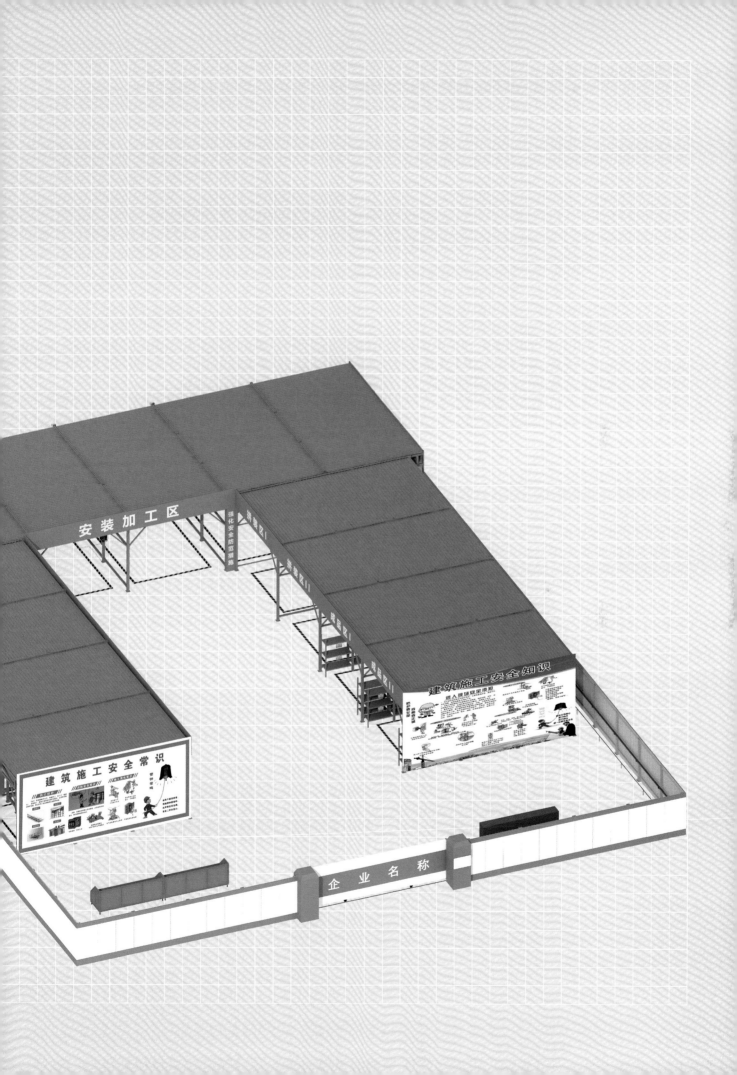

**轴测示意图**

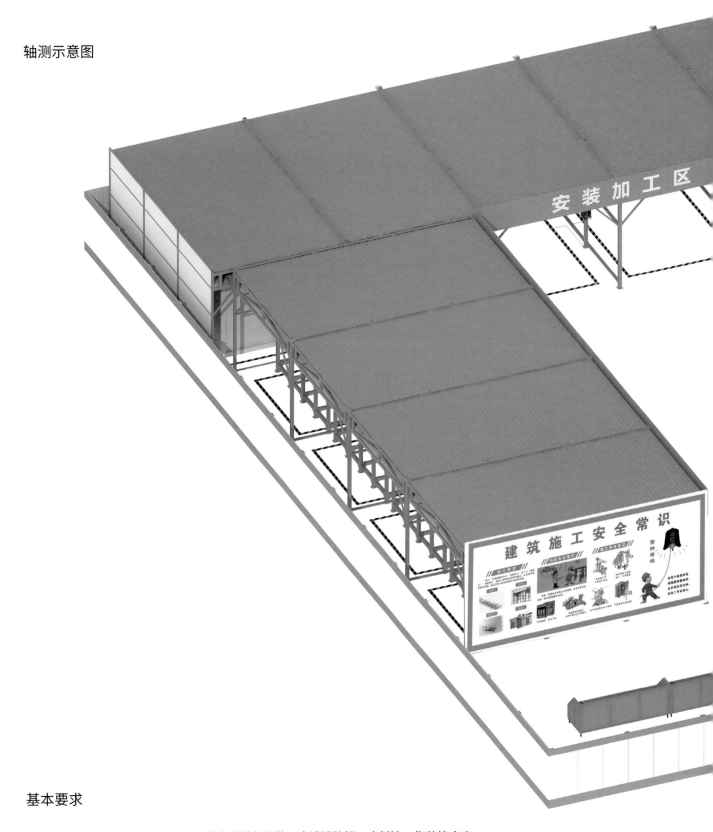

**基本要求**

（1）机电加工区大小可根据施工场地条件进行调整，内设消防柜、废料池、集装箱仓库。

（2）按功能可将机电加工区主要划分为卸货口、材料转运通道、材料堆放区、安装加工区、成品区。

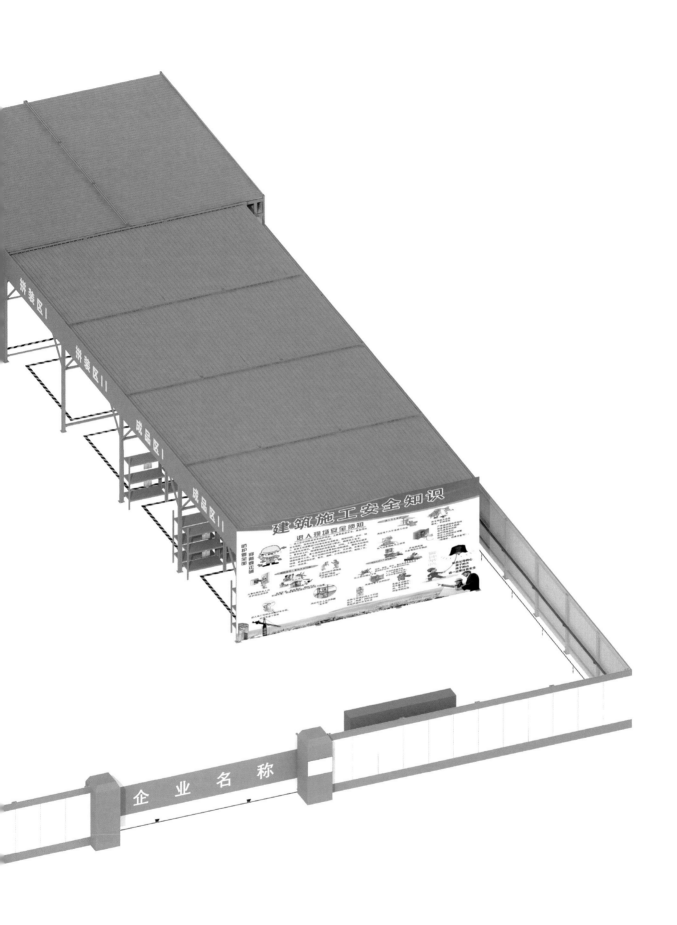

## 11.1 大门及围墙

立面示意图

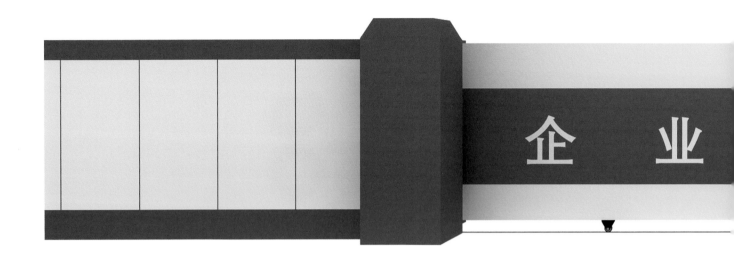

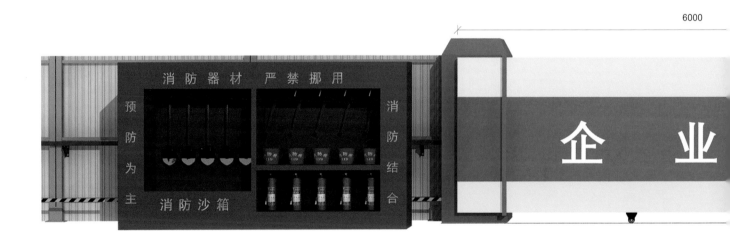

6000

基本要求

（1）大门两侧各设 0.8m×0.8m 立柱 1 根，高 2.2m，配色应符合 CI 要求。

（2）大门右侧立柱按照公司标准化图集，壁挂项目机电加工厂不锈钢标识牌。

（3）场区大门采用双开门形式，门高 2m，左右单开门宽 3m，共 6m。大门配色应符合 CI 要求，通常上部和下部区域分别高 50cm，中部区域为 CI 对应 LOGO。

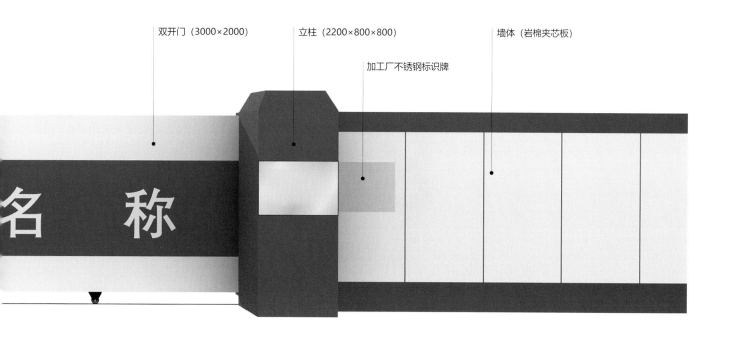

双开门（3000×2000）　　立柱（2200×800×800）　　墙体（岩棉夹芯板）

加工厂不锈钢标识牌

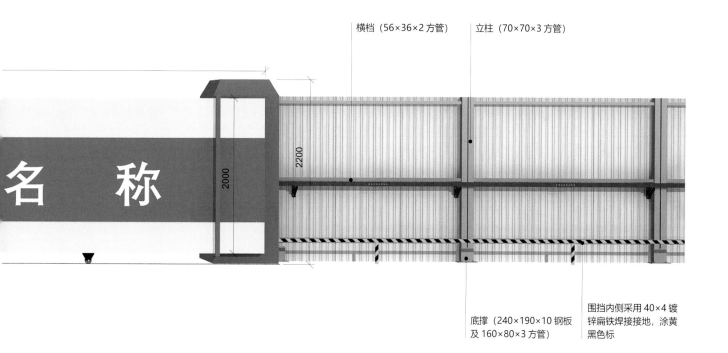

横档（56×36×2 方管）　　立柱（70×70×3 方管）

2000

2200

底撑（240×190×10 钢板
及 160×80×3 方管）

围挡内侧采用 40×4 镀
锌扁铁焊接接地，涂黄
黑色标

## 11.2 加工区布置

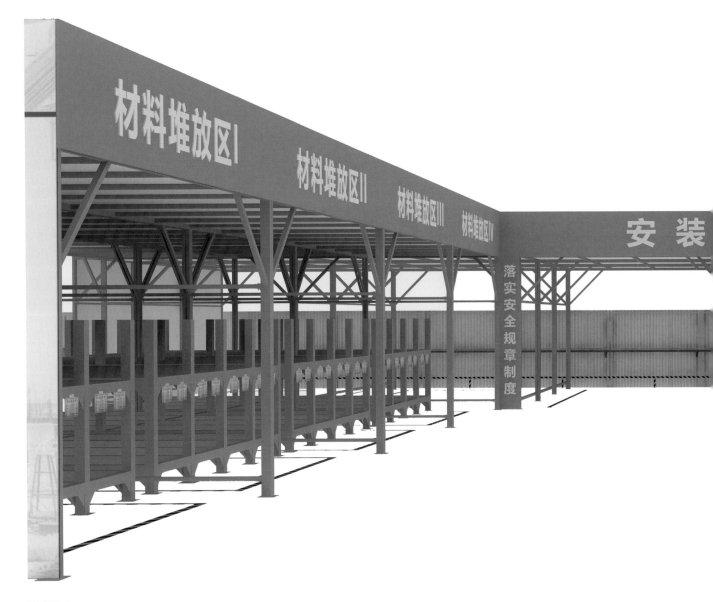

透视图

### 基本要求

（1）可视化：防护棚整体配色应符合 CI 要求，防护棚上方外围 70cm 高度范围做 CI。

（2）加工区按作业顺序依次布置材料堆放区、安装加工区、成品区。

（3）场地地面平整干燥，加工区域四周刷 10cm 宽 45°斜向黄黑警示带。

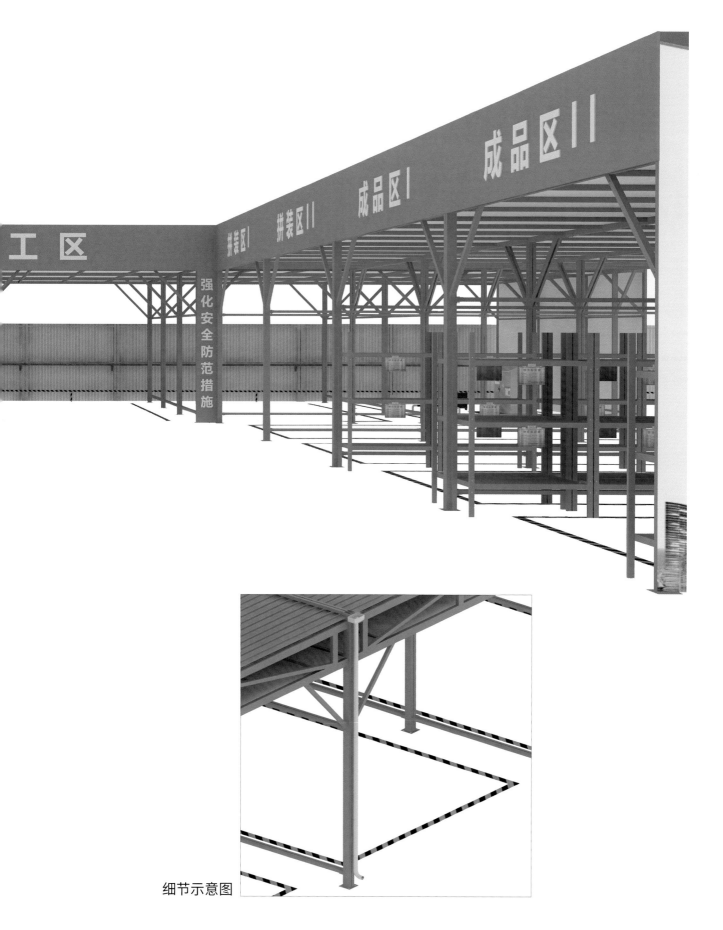

细节示意图

## 11.3 加工区防护棚

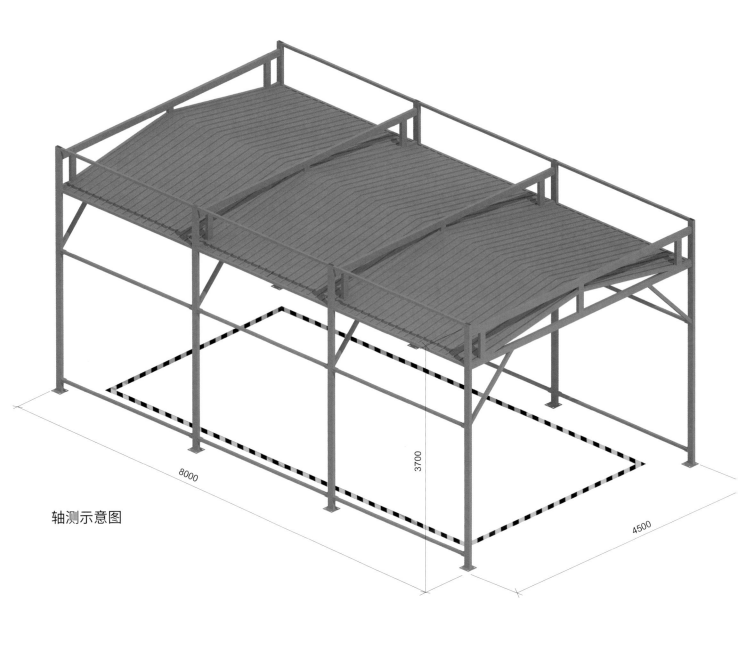

轴测示意图

### 基本要求

（1）在塔吊覆盖范围内的室外加工厂必须设置防护棚。

（2）加工区防护棚为模块化组装，由数个加工棚拼装组成。单个加工棚宽 4.5m，高 3.7m（净高 3m），长 8m。

（3）立柱、横梁使用 100mm×50mm×3mm 方管，斜撑使用 50mm×50mm×2.5mm 方管，8 号螺栓连接。顶棚设两层模板防砸，上层铺彩钢板防雨。

## 细节示意图

落水管（加工棚端头处设落水管排雨水）

消防球（每个加工棚内设置两个节能灯照明及一个消防球）

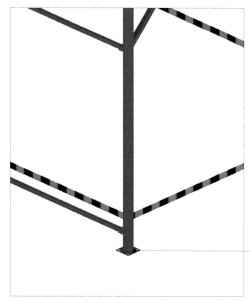

垫钢板（100×100×8，8号螺栓连接）

## 11.4 开关箱

轴测示意图

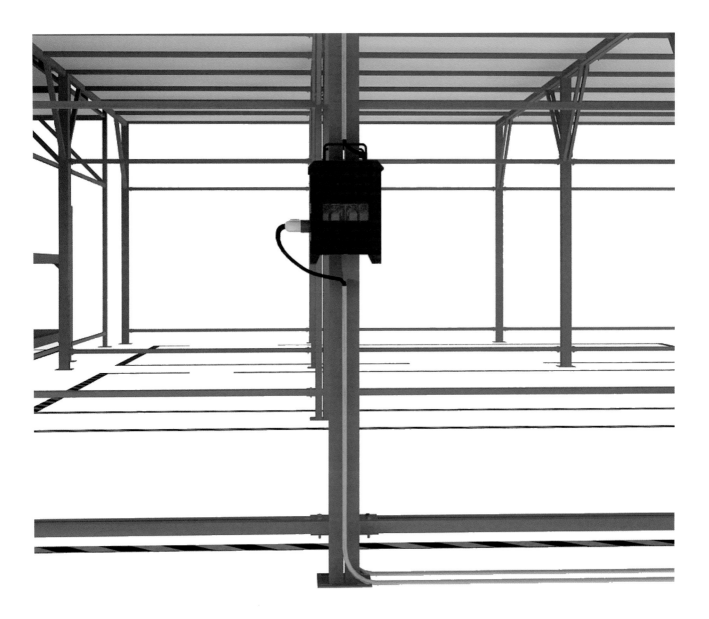

标识牌

(a) 验收合格牌 350×240

(b) 月检标签
70×100

## 11.5 电源线

细节示意图

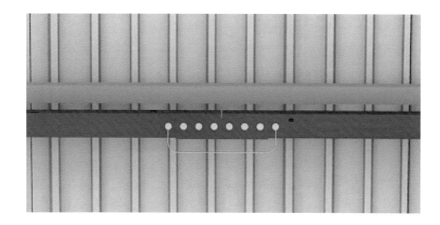

基本要求

（1）电源线使用 50mm×50mm 防火桥架布置，桥架连接做好跨接。

（2）照明布线使用的 JDG20 电管插座和设备使用的 JDG25 电管末端采用包塑金属软管与设备进行软连接。

## 11.6 集装箱仓库

轴测示意图

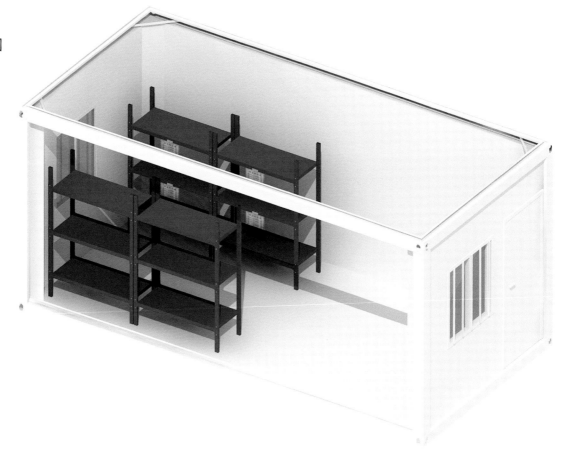

基本要求

根据标准化图集设置集装箱仓库，内部可设成品货架。

## 11.7 原材货架

分解示意图

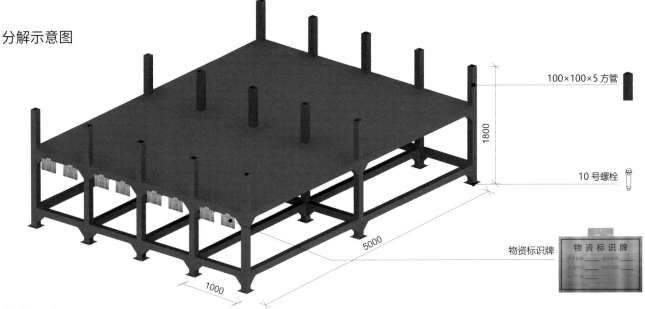

100×100×5 方管

1800

10 号螺栓

物资标识牌

5000

1000

基本要求

（1）立柱、横梁、斜角使用 100mm×100mm×5mm 方管，使用 10 号螺栓连接。

（2）根据现场实际存货量需求，货架每个货档长 1m，宽 5m，高 1.8m。

（3）货架整体配色应符合 CI 要求。货架设物资标识牌。

## 11.8 成品货架

分解示意图

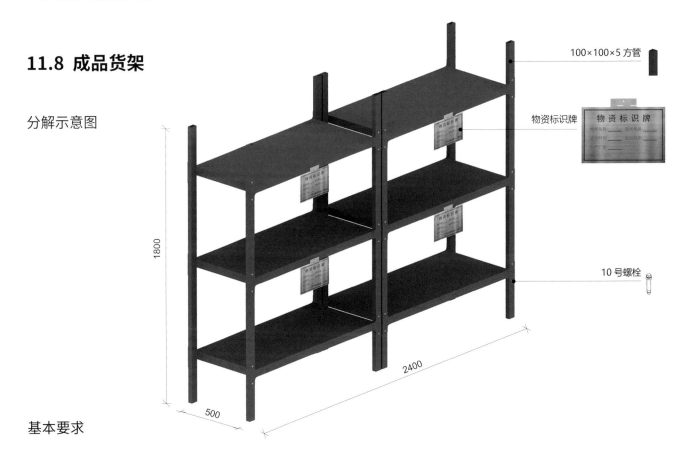

100×100×5 方管

物资标识牌

1800

10 号螺栓

2400

500

基本要求

（1）立柱、横梁使用 50mm×30mm×2mm 方管，5 号螺栓连接。成品货架高 1.8m，宽 0.5m，单个长 2.4m。

（2）成品货架按照现场实际存货量制作，主要用于存放管件、线盒、阀门等材料，不允许放过重材料。

（3）货架整体配色应符合 CI 要求。货架设物资标识牌。

## 11.9 废料池

轴测示意图

**基本要求**

废料池焊接制作，尺寸为 1m×3m×1m，前部高 0.5m，底部装四个万向轮，外部颜色应符合 CI 要求。

# 12

## 装饰材料加工区
DECORATION MATERIAL PROCESSING AREA

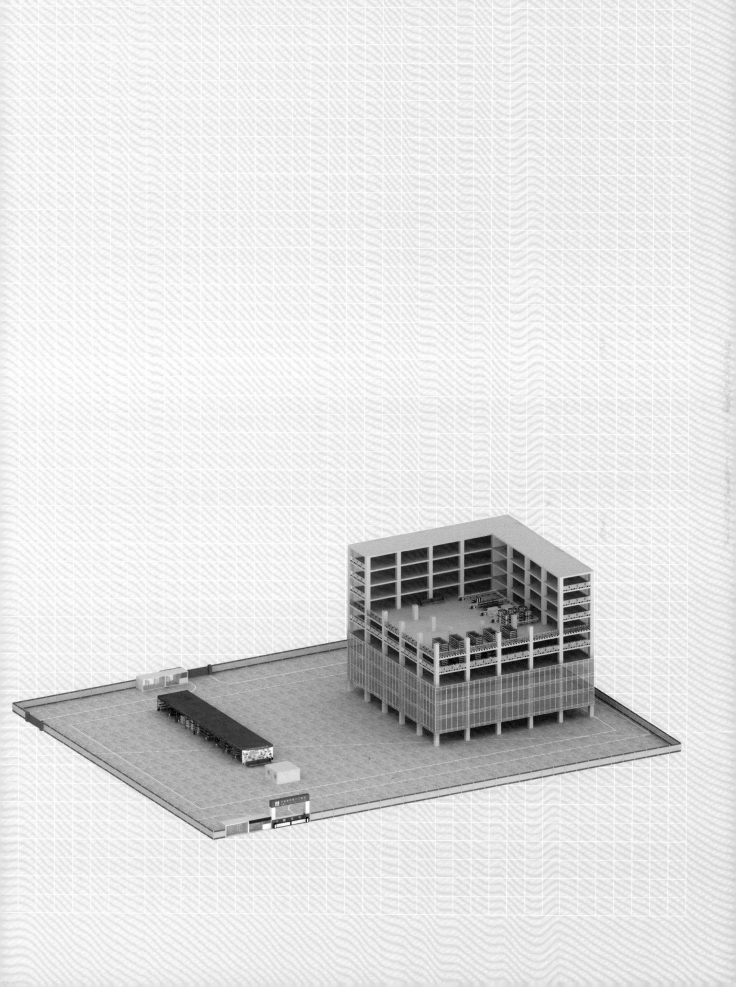

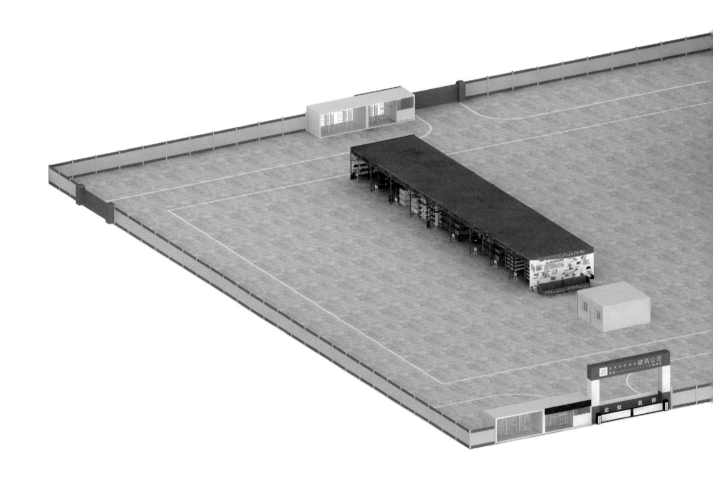

## 基本要求

（1）装饰材料加工区分为室外加工区和室内加工区两种。

（2）材料堆放区大小可根据施工场地条件进行调整，内设消防柜、材料堆场、废料池（可回收、不可回收）。

（3）按功能可将装饰材料加工区主要划分为卸货口、材料转运通道、材料堆放区、废料堆放区。

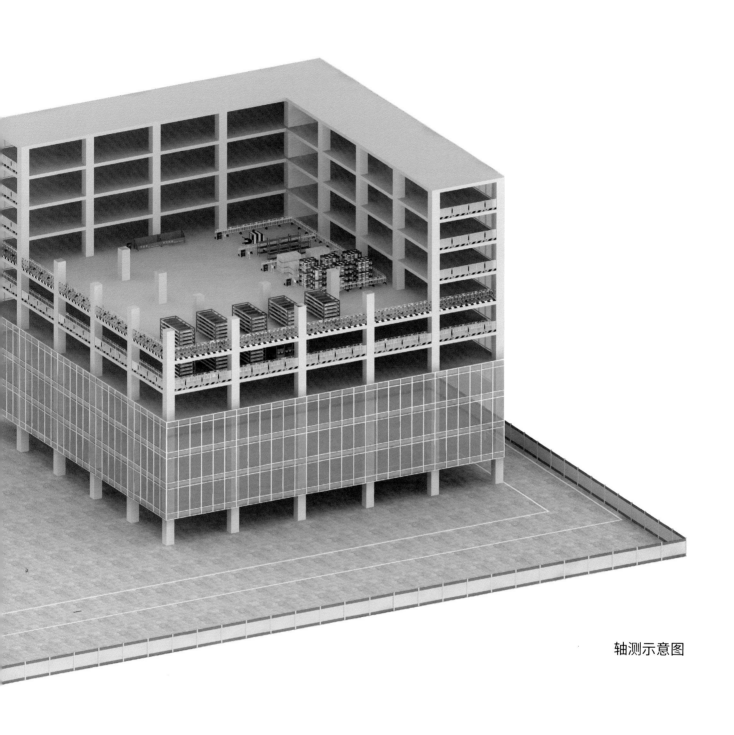

轴测示意图

## 12.1 室内装饰材料加工区

轴测示意图

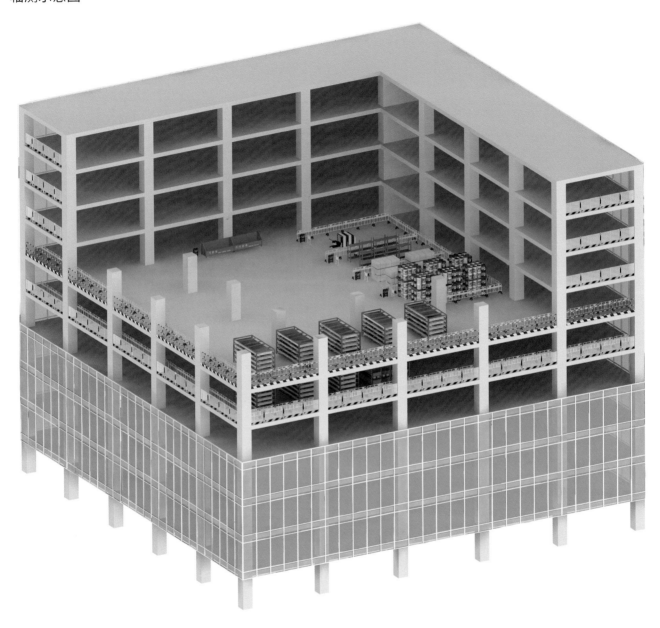

基本要求

室内装饰材料加工区的材料堆放区不设置防护棚，采用定型化护栏进行分割，面积根据实际材料所需区域面积而定。

# 1. 移动式护栏

## 轴测示意图

规格：1000×1500
颜色：黄黑相间
底座：25×35×5
材质：PVC

## 分解示意图

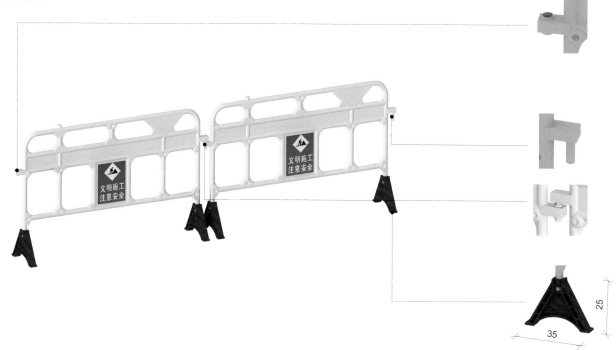

## 基本要求

（1）可视化：护栏整体配色为黄黑相间，护栏上方外围做公司 CI。
（2）悬挂可视化操作规程和区域消防责任牌。

## 2. 用电及照明

分解示意图

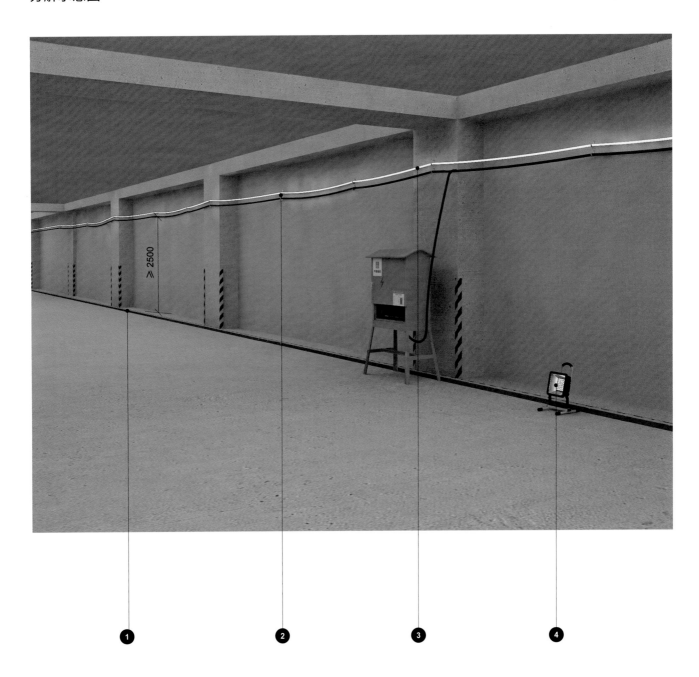

≥ 2500

① ② ③ ④

**1** 电缆线防护盖板

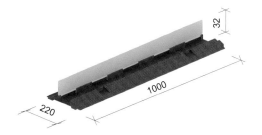

(1) 材质：橡胶（PVC）；
(3) 规格：1000×220×32；
(4) 槽内尺寸：70×20

**2** 电缆线绝缘挂钩

(1) 根据现场实际施工面积，结合开关箱电缆长度不得大于 30m 的限制，确认分配箱的分布位置及数量，通过通风井口、电缆井口等垂直洞口将电缆引入楼层，并用绝缘挂钩将其固定在吊顶以上位置，避免后期墙面施工时被拆除；
(2) 特点：防水、防尘、阻燃；
(3) 防护等级：IP44

**3** 灯带

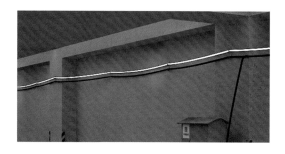

材料堆放区设置 LED 灯带照明，通过定型化电缆绝缘挂钩固定在高度不低于 2.5m 处

**4** 充电式 LED 灯

(1) 区域施工时，建议使用充电式 LED 灯（照度高，使用安全方便）；
(2) 形式：手提工作灯；
(3) 电压为 8.4V，光源功率为 20W；
(4) 外形尺寸：165×165×310

## 12.2 室外装饰材料加工区

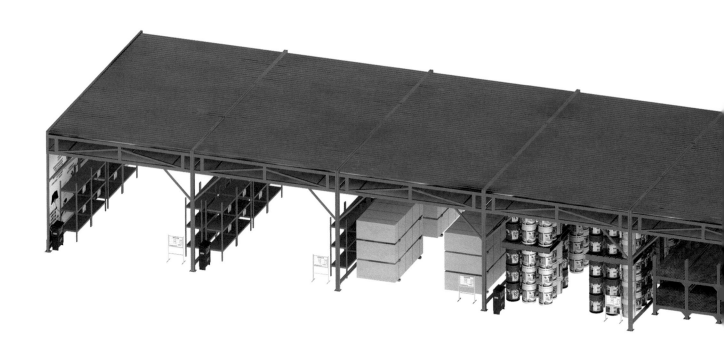

基本要求

室外装饰材料加工区防护棚、开关箱、电源线、集装箱仓库、原材货架、成品货架的安装参考机电加工区标准布置。

轴测示意图

# 1. 材料标识牌

## 轴测示意图

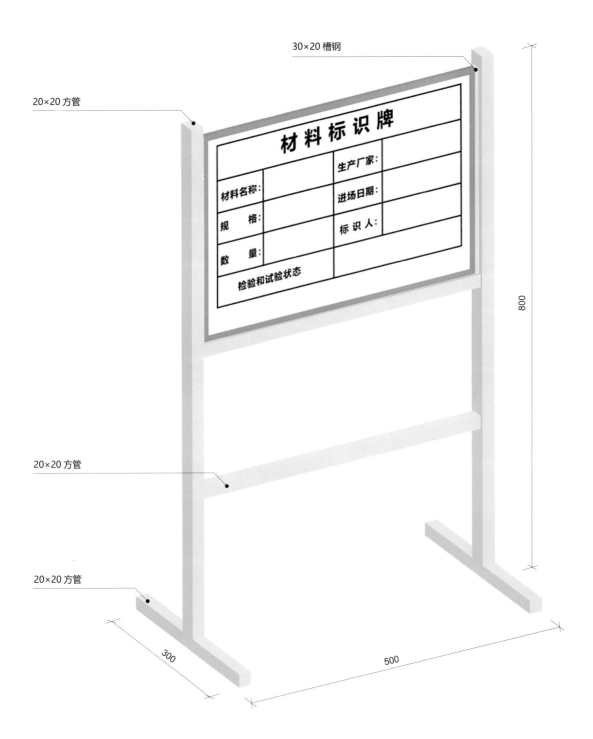

30×20 槽钢

20×20 方管

材 料 标 识 牌

| | | 生产厂家： | |
| 材料名称： | | 进场日期： | |
| 规　格： | | 标 识 人： | |
| 数　量： | | | |
| 检验和试验状态 | | | |

20×20 方管

20×20 方管

800

300

500

## 2. 废料池

轴测示意图

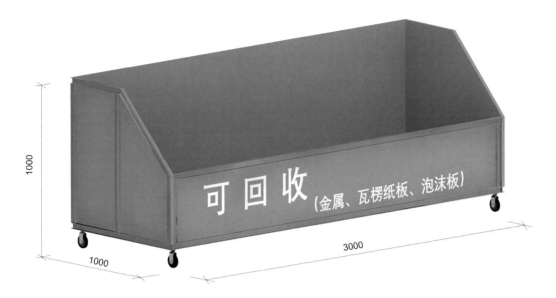

轴测示意图

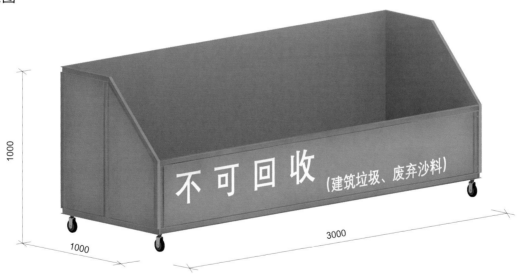

## 基本要求

（1）废料池焊接制作，尺寸为 1m×3m×1m，前部高 0.5m，底部装四个万向轮，外部颜色应符合 CI 要求。

（2）标有"可回收"字样的废料池主要用于堆放金属、瓦楞纸板、泡沫板。

（3）标有"不可回收"字样的废料池主要用于堆放建筑垃圾、废弃沙料。

# 13

# 劳保用品
## LABOUR PROTECTION APPLIANCE

## 电工

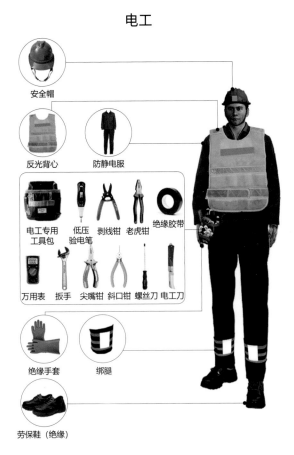

安全帽

反光背心　防静电服

电工专用　低压　剥线钳　老虎钳　绝缘胶带
工具包　验电笔

万用表　扳手　尖嘴钳　斜口钳　螺丝刀　电工刀

绝缘手套　绑腿

劳保鞋（绝缘）

## 电焊工

安全帽

反光背心

焊工防护服

焊工手套

防护面罩

绑腿

劳保鞋

## 架子工

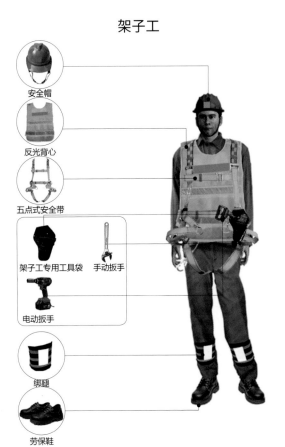

安全帽

反光背心

五点式安全带

架子工专用工具袋　手动扳手

电动扳手

绑腿

劳保鞋

## 塔吊司机

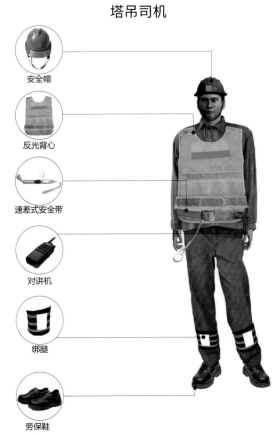

安全帽

反光背心

速差式安全带

对讲机

绑腿

劳保鞋

## 信号工

安全帽

反光背心

哨子　　对讲机

指挥棒

绑腿

劳保鞋

## 电梯司机

安全帽

反光背心

绑腿

劳保鞋

## 项目安全管理人员

安全帽（项目安全管理人员）

反光背心（项目安全管理人员）　防护眼镜

对讲机　　　　执法记录仪
（别在右胸口口袋）（别在右胸口口袋）

工具袋　　　速差式安全带

丁腈胶皮防滑防水手套　　绑腿

劳保鞋

## 项目其他管理人员

安全帽（项目其他管理人员）

反光背心（项目其他管理人员）　防护眼镜

工具袋　　　对讲机
（别在右胸口口袋）

速差式安全带

丁腈胶皮防滑防水手套　　绑腿

劳保鞋

## 作业人员（普工）

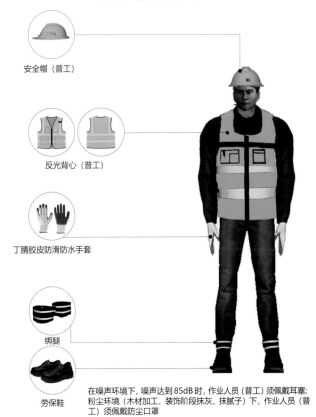

安全帽（普工）

反光背心（普工）

丁腈胶皮防滑防水手套

绑腿

劳保鞋

在噪声环境下，噪声达到85dB时，作业人员（普工）须佩戴耳塞；粉尘环境（木材加工、装饰阶段抹灰、抹腻子）下，作业人员（普工）须佩戴防尘口罩

## 分包单位其他管理人员

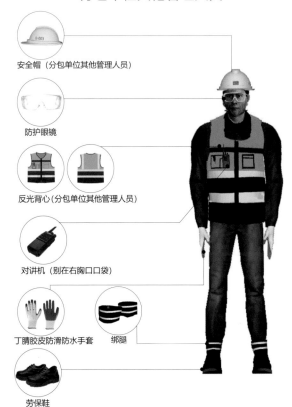

安全帽（分包单位其他管理人员）

防护眼镜

反光背心（分包单位其他管理人员）

对讲机（别在右胸口口袋）

丁腈胶皮防滑防水手套　　绑腿

劳保鞋

# 分包安全管理人员

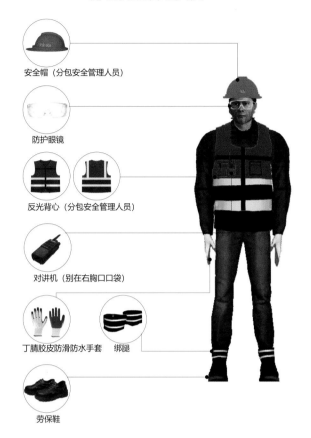

安全帽（分包安全管理人员）

防护眼镜

反光背心（分包安全管理人员）

对讲机（别在右胸口口袋）

丁腈胶皮防滑防水手套　　绑腿

劳保鞋

# 管理人员工具袋

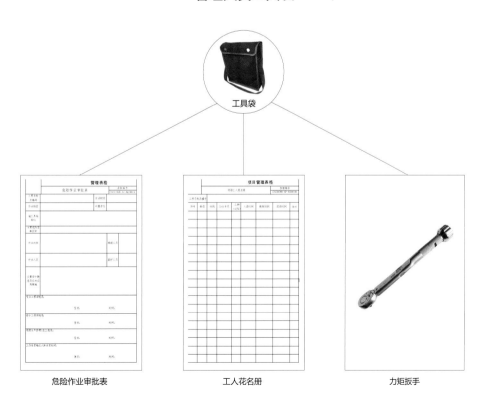

工具袋

危险作业审批表　　　　工人花名册　　　　力矩扳手

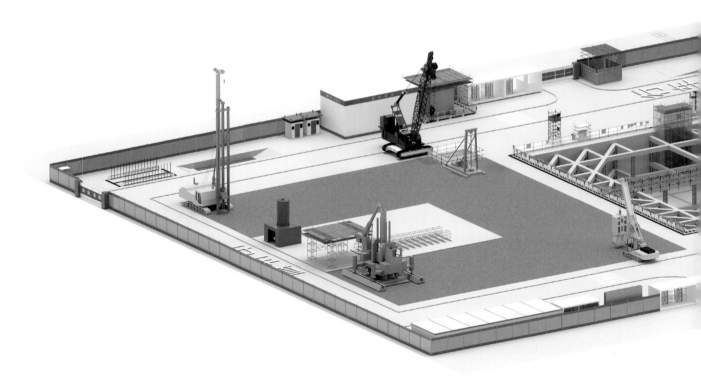

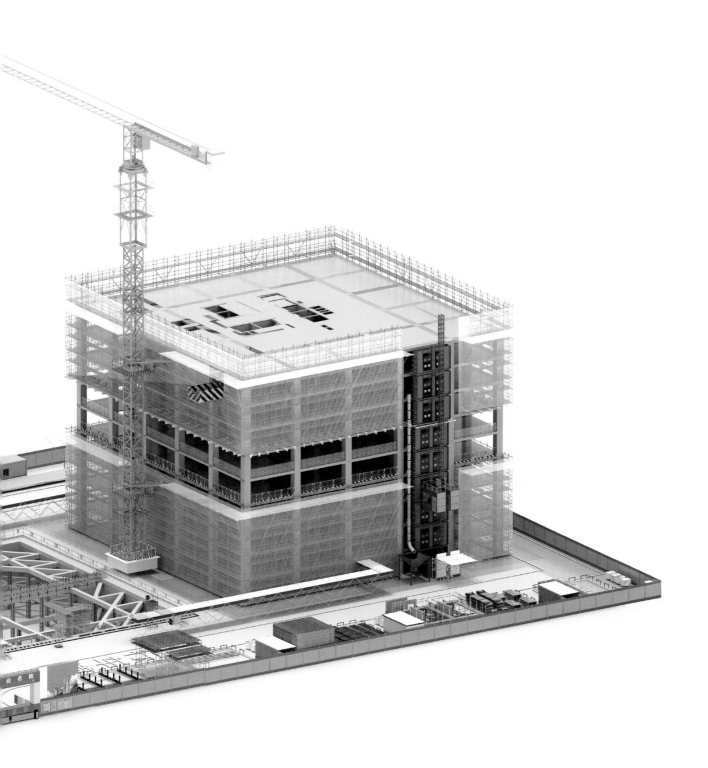